EXPLORING ANIMAL SOCIAL NETWORKS

動物の
社会ネットワーク分析入門

Darren P. Croft, Richard James and Jens Krause
ダレン・P・クロフト　リチャード・ジェームス　ジェンス・クラウス 著
島田将喜 訳

東海大学出版部

EXPLORING ANIMAL SOCIAL NETWORKS
by Darren P. Croft, Richard James and Jens Krause

Copyright© 2008 by Princeton University Press

Japanese translation published by arrangement with Princeton University Press through The English Agency (Japan) Ltd.

All rights reserved.
No part of this book may be reproduced or transmitted in any form or by any means, electronic or mechanical, including photocopying, recording or by any information storage and retrieval system, without permission in writing from the Publisher.

Preface to Japanese Edition

日本語版への序文

　本書は、社会ネットワークが動物行動学の新しいトピックとして登場した10年前に出版された。広い視点で見ると、社会ネットワークへの関心の高まりは、行動のメカニズムと発達全般にわたって刷新された関心の高まりと一致していたと言うことができ、動物の認知・集合行動・集合知・個性といった分野での集中的な研究活動（および新しい科学雑誌の誕生）をもたらした。

　この本が出版されたタイミングは、さまざまな分野での研究の進展による影響を受けた時期だった。人間のデータに適用できる指標をたくさん提供してくれる社会学において、社会ネットワークは長年注目されていた。90年代に大規模にデジタル化したデータセットにアクセスしやすくなったことが、定量的方法や統計物理学に至るネットワーク研究を切り開き、短期間でネットワーク分析に多くの根本的な貢献をもたらした。本書のねらいは、こうした状況をまとめ、既存の素材にもとづくことで、野生・飼育動物の集団を研究する動物行動学者にとって有用な概念や分析ツールを発展させることである。言うまでもなく、社会行動の環境への適応、社会構造の進化的起源といった問題が中心的な課題となる生物学者の見解は、社会学者や物理学者の見解とは多少異なるだろう。

　本書で扱った範囲には、出版以来はるかに進歩してしまった部分もある。たとえば近年非常に注目されているのは、仮説検定と帰無モデルの重要性である。また全体にネットワーク解析用の道具立ては拡張してきたが、課題が残っている分野もある。ネットワーク比較が難しいのは以前と同じで、慎重にアプローチする必要がある。同様に動的ネットワークの分析も難題だ。この分野における概念的・分析的課題は別として、社会ネットワーク分析の実行にとって重要な前提条件である動物の個体識別技術が大きな進歩をもたらした。バイオロギング技術、自然についた目印の自動認識、高度に洗練された追跡ソフトウェアなどにより、（グループ全体や下部集団レベルまでを構築する）個体や社会的インタラクションのデータを高い空間時間解像度で取得する能力は、飼育下でも野生下でも劇的に進歩した。データは長きにわたりネットワーク分析を制約するリソースであり続けてきた。今や新しい追跡技術が登場し、データの獲得はもはや分析のボトル

ネックではなくなり、ネットワークの構築を考える前に機械が収集するデータにフィルタリングをかけ、批判的に評価することに焦点が移った。いわゆる「現実の採掘（reality mining）」（社会的インタラクションを機械に感知させてデータを自動取得すること）によって、素手でデータ収集をしていたのははるか過去のものとなってしまった他の自然科学に、動物行動学が肩を並べ始めたともいえるだろう。

　読者諸氏が社会ネットワークに関する興奮を私たちと分かち合い、この分野の探究に挑戦してゆくことを願っています。

ダレン・P・クロフト
リチャード・ジェームズ
ジェンス・クラウス

2018 年 9 月 24 日

Preface

緒言

　本書の企画は、プリンストンユニバーシティプレスの編集者ロバート・カーク（Robert Kirk）を2005年春、リーズ大学に訪ねたときにはじまった。そのとき彼は私たちに新しい本のアイディアがないかと聞いたのだ。ケニアでの旅で動物たちの生活の豊かさに触発されたことで、当初、動物のグループ構造の分析方法についての幅広い教科書を一冊に編集した本の形式で書くことを考えた。しかし熟慮の結果、（その他の教科書との重複をさけて）社会ネットワーク分析にのみ焦点を当てた本の方が有用だとの結論に達した。

　学会での会話や学部でのセミナーで、同僚や学生たちに過去数年間にわたってよく質問されたのは、ネットワークアプローチの利用の仕方についての情報をどこで手に入れられるかということだった。しかしこの主題について動物行動学者向けに書かれた教科書は当時一つもなかった。さらに多くの生物学者が統計的分析を経ない「偽」ネットワークアプローチを用いていることがわかった。これらのことに動機づけられ、最終的には確信をもってこのトピックについての教科書を書くことになった。

　こうした本を書くときの問題の一つは、生物統計の他分野とは異なり、この分野が成熟した主題とは程遠いということである。ネットワーク分析法に関する多くの異なる見解が文献中にたくさん見つかるし、方法論的問題に関する大量の記事が常に出版されている。この分野の研究の進展が速いという事実こそが、本書のタイトルに「探究（exploring）」という単語を含めた理由である。本書のねらいは、初心者に社会ネットワーク研究を紹介し、探究に招待し参加してもらうことである。上級の読者には、社会ネットワーク理論がもつ困難な問題に注意を喚起することで刺激を与えたい。私たちはこの分野の多くの問題が未解決であり、最終的な答えを出せていないことを認めている。しかしだからといって社会ネットワーク理論を使用して、すでに可能になっている多くの興味深い事柄を実行し、この分野のより厳しい課題に取り組むことを躊躇してよいことにはならない。

　本書の計画立案の大部分と執筆の一部は、スコットランドのケアンゴーム国立

公園のライチョウ（Ptarmigan）ロッジでの静養中になされた。毎日の大学での喧騒から離れた平和な場所を探している著者仲間にはお勧めの場所だ。

本書のイラストを描いてくれたハーバート・クラウス（Herbert Krause）に感謝したい。本書の大半を読んでコメントをつけてくれ、多くの有益な示唆をくれたグレアム・ラックストン（Graeme Ruxton）に大いに感謝したい。私たちとともにネットワークコミュニティに働きかけてくれたデビッド・モーズリー（David Mawdsley）に感謝したい。ジェローム・ブール（Jerome Buhl）、セス・ブロック（Seth Bullock）、イアン・コージン（Iain Couzin）、サフィ・ダーデン（Safi Darden）、ロビン・ダンバー（Robin Dunbar）、ユリア・フィッシャー（Julia Fischer）、ダン・フランクス（Dan Franks）、ケビン・ラランド（Kevin Laland）、デイビッド・ルソー（David Lusseau）、レスリー・モレル（Lesley Morrell）、ジェイソン・ノーブル（Jason Noble）、アンディ・シー（Andy Sih）、フリッツ・トリルミッヒ（Fritz Trillmich）、アシュリー・ウォード（Ashley Ward）、ハル・ホワイトヘッド（Hal Whitehead）、ヨッヘン・ウルフ（Jochen Wolf）らには、ネットワーク理論やアプリケーションのさまざまな側面についての刺激的な議論をしていただいたことに感謝したい。

ブライアン・ショロックス（Bryan Shorrocks）とティム・クラットン゠ブロック（Tim Clutton-Brock）からはそれぞれキリンとアカシカのデータ使用の許可をいただいた。

EPSRC、NERC、リーバーヒューム信託からの助成を受けた。

目　　次

日本語版への序文　Preface to Japanese Edition……………………………… *iii*
緒言　Preface ……………………………………………………………………… *v*

第1章　社会ネットワークへの招待　Introduction to Social Networks ………… 1
　　　1.1 ネットワークとは何か？／1.2 社会ネットワークと関連する方法／
　　　1.3 本書を書いた動機／1.4 本書のアウトライン／Box 1.1 本書で参照
　　　するプログラムの概観

第2章　データ収集　Data Collection …………………………………………… 22
　　　2.1 関係性データ／2.2 属性データ／Box 2.1 属性データを表現する／
　　　2.3 動物の個体識別／Box 2.2 アミメキリンの個体識別／2.4 サンプリ
　　　ングプロトコルのデザイン／2.5 ネットワークデータの管理と処理

第3章　視覚的探索　Visual Exploration ……………………………………… 49
　　　3.1 NETDRAW での社会ネットワークの描画／Box 3.1 NETDRAW
　　　を始めてみよう／Box 3.2 NETDRAW に属性データを組み込む／3.2
　　　ネットワークコンポーネント／3.3 個体に焦点を当てる／3.4 ネット
　　　ワークデータのフィルタリング／Box 3.3 アソシエーション指標の例

第4章　点ベース指標　Node-Based Measures ………………………………… 74
　　　4.1 辺の密度／4.2 パス長／4.3 クラスター化係数／4.4 次数／4.5 そ
　　　の他の中心性指標：点媒介性と辺媒介性／4.6 モデルネットワーク／
　　　4.7 重み付けのある辺をもつネットワーク／4.8 方向性のある辺をもつ
　　　ネットワーク／4.9 結語

第5章　点ベース指標の統計検定
　　　　　Statistical Tests of Node-Based Measures ……………………… 103
　　　5.1 事例／5.2 ランダム化手法の本質／5.3 サンプリングプロトコルの
　　　統制／5.4 辺をフィルタリングする／5.5 アソシエーション強度でフィ
　　　ルタリングをしたアカシカのネットワーク／Box 5.1 性差についての
　　　点ベース指標の検定／5.6 他のアプローチ／5.7 まとめ

第6章　下部構造の探索　Searching for Substructures ················ 136
　　　6.1 社会ネットワークにおけるアソシエーションパタンの指標化／6.2 動物の社会ネットワークにおけるコミュニティ構造／Box 6.1 パーティションの数を数える／Box 6.2 焼きなまし法／6.3 ケーススタディ：トリニダードグッピーのコミュニティ構造／6.4 関連する方法／6.5 動物の社会ネットワークへの対応／6.6 結語

第7章　ネットワーク間比較　Comparing Networks ················ 164
　　　7.1 同一集団を指標する二つのネットワーク間比較／7.2 異なる個体によるネットワーク間の比較／7.3 構造モデルを用いたネットワーク間比較／7.4 異集団間・異種間比較／7.5 社会科学分野における時系列分析／7.6 結語

第8章　まとめ　Conclusions ················ 190
　　　8.1 過去の応用事例／8.2 未解決問題とすぐれた実践例／8.3 おわりに

頻出語彙集　Glossary of Frequently Used Terms ················ 199
文献　References ················ 203
訳者あとがき ················ 217
索引　Index ················ 218
著者紹介 ················ 223

Introduction to Social Networks

第1章
社会ネットワークへの招待

　個体の行動と集団レベルの現象の間のつながり（link）の理解は、生態学や進化生物学の長年にわたる挑戦的課題だ（Lima and Zollner 1996；Sutherland 1996）。行動は個体の物理的・社会的環境を含む内的・外的要因への反応として表現される。後者の社会的環境は非ランダム・非均一な社会的インタラクションにより形成される（Krause and Ruxton 2002）。つまり個体とは、強度・タイプ・ダイナミクスの面で異なる個体間のアソシエーションネットワークの一部なのだ。社会ネットワークの構造は、個体・集団・種の生態や進化について多くのことを教えてくれる。たとえば社会ネットワークは、配偶者探しと選択、協力的関係の構築と維持、採食と対捕食者行動への従事など、その構造によって影響されるであろう行動の多様性を下支えする。そうした行動は、生息地利用・疾病伝播・情報フロー・配偶システムなどの形態において、集団レベルで現れる。そして行動は変化する環境への適応・性選択・種分化を含む進化プロセスの基礎を形成する。なぜあるパタンのアソシエーションが発達し、いかにして個体間のアソシエーションパタンが集団レベルの構造に影響を与えるのかを確証することにより、個体から集団へと分析の規模を拡張させることは、社会組織の機能・進化・含意に関する私たちの理解を革命的に発展させるだろう。

　動物界全般にわたり、社会行動には大きな多様性が認められる。社会的インタラクションは（たとえば協力的・敵対的・性的といった）タイプ、そしてその頻度や持続時間が異なる。社会的結合は数年続くかもしれないし、数分・数秒で終わってしまうかもしれない。どのタイプのインタラクションがどれだけの頻度や持続時間で生じるかは、関与する個体の順位・体サイズ・性・年齢・寄生虫保有量といった要因に依存するだろう。このことは、参与者の数が相対的に少ない場合であろうと生じる複数のインタラクションや複雑なインタラクションのパタンをどうすれば扱えるかという問題を生む。興味深いことに、社会学者は人間のインタラクションパタンを見るのに、70年以上前[i]にこの問題を取り上げ始めてい

た。これらの文献は、統計物理といった分野との近年の進展と結びつき、動物の社会ネットワーク分析のための強力なツール一式を私たちに提供してくれるのだ。これらのツールは個体から集団まで、組織の異なるスケールを通じた社会構造を記述する量的指標の計算を可能にする。本書の目的は動物の社会構造研究に応用できるネットワーク分析の技術のいくつかを探究することである。

1.1 ネットワークとは何か？

ネットワークの基本要素は「点（node）」と「辺（edge）」である。ネットワークのグラフ表現においてはそれぞれの点はシンボルで表現され、二つの点の間の（どんな種類であれ）すべてのインタラクションはそれらの間に引かれた一本の線（辺）で表現される。社会ネットワークの文脈では、それぞれの点は普通動物一個体を表し（ただし、本章終わりの別のアプローチも参照せよ）、それぞれの辺はある指標化された社会的インタラクションまたはアソシエーションを表す。たとえば図 1.1 はニュージーランドのハンドウイルカ（*Tursiops truncatus*）の集団の社会ネットワークを表す（Lusseau 2003）。図 1.1 では、それぞれの黒塗りの丸（点）はイルカ一個体を表し、彼らの間の結合（辺）は 6 年以上[i]にわたる一定頻度以上の社会的接触を示している。これこそが、私たちが本書で探究したいネットワークのタイプである。探究が進むにつれ見てゆくことだが、動物の社会ネットワークの量的分析の多くは、インタラクションのグラフ表現に対してではなく、同じ情報を伝える値の行列に対して実行される。グラフも行列も同じネットワークの表現なのである。

さまざまな業種で、対象間の一対ごとの結合（pair-wise connections）の集合として考えることができるような多くのシステムが存在するということは、驚くにはあたらない。非常によく似たタイプのネットワークもある。私たちはみな、あまり考えもせず世界のほとんどすべてと結合している電話ネットワークをいともたやすく利用している。電力網（Xu et al. 2004）、輸送網（Sen et al. 2003）、World Wide Web（Tadic 2001）といった他の技術システムもすべて、ごく自然にネットワークとして考えられている。

エージェントのペア間のインタラクションを単独で考慮しても、あるいはシス

---

[i] 訳注：原文は「60 年以上前」

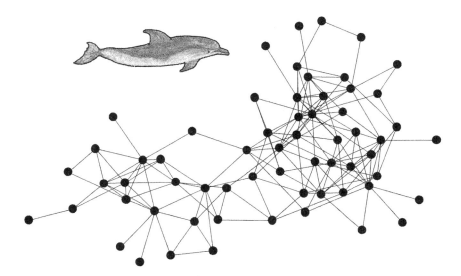

図 1.1 ニュージーランドのハンドウイルカ（*Tursiops truncatus*）の集団の社会ネットワーク（Lusseau 2003）。ネットワークは個体を表す点（ここでは黒塗り）と、ある形式の関係を表す辺（直線）で構成される。辺のネットワークにおいては、偶然による期待値よりも頻繁に一緒にいることが観察されれば、その二個体の間には辺が引かれている。オトナのイルカ 64 個体が、159 本の辺で互いに結合している

テム全体の平均的特性だけを研究しても導くことはできない、相互結合した対象のシステムの局所的・全体的特性についての新しい洞察を、ネットワーク理論が提供するということを、多くの人々が発見してきた。これがきっかけで研究者はネットワークを領域横断的に研究するようになり、構造そのものとその構造の結果の両方を理解するようになった。たとえばネットワーク理論の技術システムへの応用には、電話交信システムの効率性の最適化、発電所の損失に対する電力網の脆弱性の分析をも含まれている。

数学者や統計物理学者は、ネットワークの分野に大きく貢献してきた。彼らは、辺が点に対してランダムに割り当てられた巨大ネットワークの特性についての具体的結果を提供し（Erdös and Rényi 1959；Bollobás 1985）、複雑ネットワークの構造とそれらに生じるプロセスのいくつかの特徴づけについての新しいパラダイムを探り当てた（物理的観点からのネットワークの世界についての優れたレビューについては、Albert and Barabási 2002；Newman 2003a；Boccaletti et al.

2006 を参照せよ)。

　ネットワークアプローチは、細胞機能間のインタラクションや細胞活動の制御に関与する遺伝子・タンパク質・その他の分子の間のインタラクションの複雑な網目を解明することに興味をもつ生物学者たちにも受け入れられた。彼らはインタラクトする要素の構造を検討することで細胞の生物学的機能を理解するための一般的な枠組みを発展させ、システムの「部分リスト」を超えて、要素がいかにインタラクトし (Kollmann et al. 2005)、複雑なパタンや行動を生み出すかを理解するようになった (Jansny and Ray 2003)。たとえばネットワークは選択圧が代謝経路機能にいかに作用するか (Rausher, Miller and Tiffin 1999)、遺伝子制御ネットワークがいかに発達パタンを形作るかを理解するために利用されてきた (von Dassow et al. 2000；MacCarthy, Seymour and Pomiankowski 2003)。よく似たアプローチが、有機体の他のレベルにも適用されてきた (Proulx Promislow, and Phillips 2005；May 2006)。たとえば生物学者は神経ネットワークを研究することで細胞と器官がいかにインタラクトするかを研究してきたし (たとえば Laughlin and Sejnowski 2003)、種間の栄養インタラクションを食物網の形式で描くことにより生態系の構造と安定性について考えてきた (Sole and Montoya 2001；Dunne, Williams, and Martines 2002)。動物の社会ネットワークを作成して分析する生物学者は比較的少数にすぎない。私たちはもちろん本書を通じて彼らの仕事について議論してゆく。

　こうしたさまざまな方面からの関心の蓄積はすべて、動物の社会ネットワーク構造を構築し分析したい新進のネットワーク分析者にとっては、良いものにも、そして潜在的には悪いものにもなりうる。プラスの面としては、現在では多くの批判に耐えうる方法や指標があるし、斬新な方法論のソースもたくさんあることだ。マイナスの面として、ある研究者コミュニティによって得られた方法や結果が、必ずしもすべてのネットワークの分析に直接翻訳できるわけではないことに注意しなくてはならないことだ。たとえば数学者や物理学者のコミュニティによって得られた結果の多くは、非常に多数の点をもつネットワークにのみ応用可能だ。インターネットのようなネットワークは、とても多くの点をもつため、その統計的特性は物理学で進歩した統計モデルのいくつかによって正確に近似できる。反対に、数十ほどの点しかもたないネットワークに同様の特性を見つけよう

とすることはお勧めできない。収集されたデータのタイプもまたネットワーク分析をどうするかに大きな影響を与える。Sen et al.（2003）はインドの鉄道網のネットワーク構造を研究した。鉄道網の場合、辺は駅間の物理的結合（線路）を表している。そのため私たちは自信をもってネットワークが現実のシステムの正確な表現であるといえる。反対に、社会性動物はしばしば離合集散社会を形成し（Krause and Ruxton 2002）、彼らの社会ネットワークは個体間やグループ内のインタラクションの観察からの推論によって得るしかない。このことが「現実の」ネットワーク構造を代表する像を得るために必要なサンプリング努力に関連する多くの方法論的問題を生むのだ。動物の社会ネットワークを探究し分析する際には、こうした要素を考慮に入れることが不可欠だ。

1.2　社会ネットワークと関連する方法

　社会ネットワーク理論は、人間に関するさまざまな異なる研究分野に起源をもつ。数学のグラフ理論の要素を人間関係に適用した1930年代の心理学者や社会学者の仕事に遡り（たとえばMoreno 1934；Lewin 1951）、それらは主として、それぞれの点が人一人を表し、辺は二人の間のインタラクションや関係を表すというシナリオと関係していた。過去3〜40年間[ii]で人間の社会ネットワークの分析やモデリングは躍進したが、それを可能にしたのは容易に手に入る安い計算力の到来であり、社会構造のより洗練された指標を計算し、必要な統計上の厳密さをこの分野にもたらしたランダム化検定やその他のシミュレーション技術を可能にした。Wasserman and Faust（1994）、Scott（2000）、Carrington, Scott and Wasserman（2005）といった本は、社会科学の分野で生まれた多くの方法について、多角的にすばらしい説明を加えている。私たちは本書を通じてこれらの原典をたびたび参照するだろう。社会ネットワーク理論は近年物理学の分野から多大な影響を受け、スモールワールド概念（Watts and Strogatz 1998）、ネットワークにおけるコミュニティ探索アルゴリズムなどいくつもの重要な理論的進歩に貢献し、集団を通じた情報伝播についての質的に新しい洞察を生み出してきた（Boccaletti et al. 2006）。

　ネットワーク理論は複雑な社会関係の研究に対する形式的枠組みを提供する。

[ii] 訳注：原文は「過去2〜30年間」

人間の社会ネットワークは広い範囲の課題の研究に利用されてきた。HIVの拡散（Potterat et al. 2002）、会社理事会における相関性（interconnectedness）（Battiston, Weisbuch, and Bonabeau 2003；Battiston and Catanzaro 2004）、評判の拡散（Moreno, Nekovee and Pacheco 2004）などがこれに含まれる。人間の社会ネットワークの研究と比べると、動物のグループや集団の社会組織の研究のためのネットワーク理論の利用は、比較的なじみがない（Sade et al. 1988；Connor, Heithaus, and Barre 1999；Fewell 2003；Lusseau 2003；Croft, Krause and James 2004a；Cross et al. 2004；Flack et al. 2006）。人間の社会ネットワークの研究のために進展した概念が最初に応用されたのは霊長類学に対してだったのは驚くべきことではないが、そうした研究は全般に、観察されたパタンの統計的妥当性の検討を欠いていた（Sade and Dow 1994）。最近の研究では、量的ネットワーク指標を帰無モデル（null model）と比較したり、数学や物理学の文献（Lusseau and Newman 2004；Wolf et al. 2007）からネットワーク理論の発展によって着想を得た方法を用いることで動物のネットワーク構造における不均質性とそのシステムの生物学とを関連づけている（Lusseau 2003；Croft, Krause, and James 2004a）。しかし動物のペア間のインタラクションやアソシエーションについての情報を集めた動物行動関連の文献が山ほどあるにも関わらず、それらをネットワークアプローチを用いて分析しようとする研究はほとんどない。ネットワーク理論は新旧両方のデータセットを分析する優れた方法を提供し、伝統的な方法では不可能だった動物社会の構造に対する洞察を与えてくれるにちがいない。

　ネットワークアプローチは全部見たことのあるものであって、単に新しい用語で着せ替えただけのものではないかという、一部の読者の心にこびりついた疑いをここではらしてしておこう。もちろん一対ごとのインタラクションの行列はアソシエーション行列以上のものではないし（Whitehead 1997）、その可視化はソシオグラムそのものだ（たとえばZimen 1982；Sade 1989）。Ward法や非荷重ペア相加平均集合法（UPGMA）（Whitehead 1999）といったクラスター分析を用いたアソシエーション行列のなかに、すでに緊密にアソシエートしあった動物の集合を探し求めていたはずではなかったか？　そう、答えは簡単。イエスだ。アソシエーション行列やソシオグラムは実際、社会ネットワークの別名なのだ。で

は何が新しいというのか？

　これから見てゆくが、動物の社会の構造を探査するためにネットワークアプローチを用いることの原理的な利点は、いくつもの領域で並行的に今も発展しているきわめて広範な指標とアプローチを使用できること、そしてこれらすべてを、単一のデータ記述法と関連分析ツールの傘のもとに適用できるということだ。したがって動物の社会システムにおける重要な構造的要素、そうした構造を駆動する生物学的要因やその他の要因を解明するのに役立つからくりや方法を、あらゆる種類のソースから私たちは学べる。もちろん多くのインタラクションを統合するようなアプローチが本当にアピールする点とは、個体から集団に至るすべてのスケールでの構造を原理的に探査できる点にある。そこで個体・コミュニティ・集団の特性を記述するための頑健な指標が必要となる。社会科学や物理学においてちょうど発展してきたネットワークという傘の下で、このことを達成するための多くの方法があるというのが私たちの信念だ。加えて、社会的結合の分析と描画は単一のコンピュータプログラムの中に取り込まれていることも多い。したがってネットワーク理論は社会的複雑性の異なるレベル間を動き回り、新しい分析ツールを使うことを可能とする「オールインワン」のパッケージを提供してくれるのである。

　すでに言及したように、社会ネットワークのほとんどは一個体を表すのに一つの点を用い、辺のそれぞれはある形式の二個体間のインタラクションやアソシエーションを表す（図 1.1 を参照せよ）。さらにある社会ネットワークにおけるそれぞれの辺は、同じタイプのインタラクションやアソシエーションを表す。私たちが本書で分析する動物の社会ネットワークのほとんどはこのカテゴリーに属する。本書で学ぶシステムの多くは「離合集散」社会であり、そこでは動物は頻繁にグループを離れたりグループに加わったりする（Krause and Ruxton 2002）。有蹄類・霊長類・鯨類・魚類・昆虫類などがその例だ。そうしたシステムにおける社会ネットワークの微細スケールの構造を調べるためには、個々の動物を識別することができる必要がある。しかしいくつかの種では個体の識別・捕獲・再捕獲に関係する問題のためにこれは不可能である（または時間がかかりすぎる）。そうした場合には（個体自体を識別するよりも）個体のカテゴリーを識別し、それらの間のインタラクションを考慮することが便利である。ではそうしたインタ

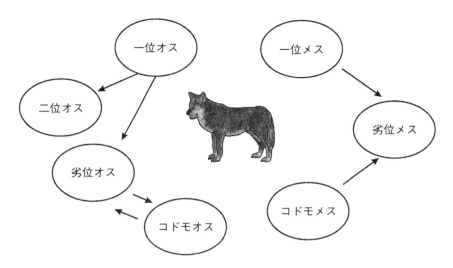

図 1.2 飼育下のオオカミのパックにおける「後追い」イベントのソシオグラム（Zimen (1982) より再掲）。10 年間以上にわたり 49 個体をモニターし、その間個体の社会的地位も変化した。ソシオグラムは異なる社会的カテゴリーに属する個体間に生じる敵対的「後追い」インタラクションを要約している。矢印は、その距離を保つことを余儀なくされる動物のクラスに向いている

ラクションをネットワークとして考慮する方法を説明しよう。

　飼育下のオオカミ（*Canis lupus*）のパック（pack）の研究で、Zimen (1982) は 6 ha（ヘクタール）の放飼場における社会的インタラクションを 10 年以上にわたって観察した（図 1.2）。この間コドモはオトナへと成熟し、個体の社会的地位も変化した。たとえばアルファオスの地位は 6 頭の個体により占められた。この研究では多くの異なる行動を観察しており、そのうちの一つが「後追い（following）」と呼ばれる行動で、優位個体が劣位個体に一定の距離をとらせる行動を含む。

　図 1.2 は、動物の個体ではなくクラスを点で表すネットワークで「後追い」行動を描写したものである。後追いが異性間ではなく、同性間で生じるものであることがはっきりわかる。図 1.2 におけるオオカミのネットワークは、方向性のある（directed）インタラクションになっていることを強調しておこう（つまりネットワーク内で点をつないでいる辺が、「誰が誰に後追いしたか」を表す矢印をもつ）。たとえばコドモメスは劣位メスに後追いするが、劣位メスはコドモメ

社会ネットワークへの招待

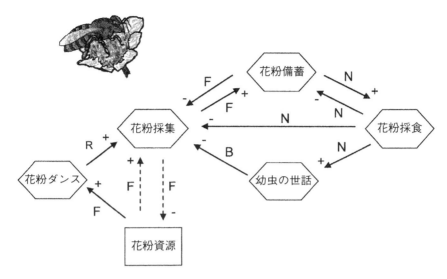

図 1.3 ミツバチにおける花粉採集行動を描写するプロセス志向ネットワーク（Fewell 2003 より再掲）。このネットワークでは、点はコロニー内の仕事を表し、その間の辺が情報を伝達する個体である。F は採集バチ、N は育児バチ、B は血縁者、R は新人。正（＋）・負（−）いずれのフィードバックも示されている

スに後追いしない。だからインタラクションはコドモメスから劣位メスに向かう方向性のある辺で表現されている。ネットワークの情報に基づいて、オオカミの社会行動をさらに探究するための仮説を定式化できよう。たとえばこのタイプの性的に分化した行動は、攻撃的インタラクションでも一般に成り立つものなのか、それとも「後追い」行動に特異的なものなのか、と問うことができる。

　動物の個体識別の必要性を回避してネットワークを構築する別のアプローチは、点で集団内の行動を表し、辺で行動制御に重要な個体を分類することである。Fewell（2003）はこのアプローチを、ミツバチ（*Apis melifera*）のコロニーにおける花粉採集制御のネットワーク（図 1.3）を構築するのに応用した。行動をネットワークとして描画すると、コロニー内のそれぞれのカーストがどのようにシステム機能全体に寄与するかを調べることができるようになる。Fewell（2003）のネットワークはコロニー内の採集行動のモジュール化を説明する。採集バチ（forager）は花粉を花粉房（pollen cell）に置くと、彼らは蓄えられた花粉の量についての情報を受け取り、花粉採集行動に負のフィードバックを及ぼす

(つまり花粉が少ししか蓄えられていなければ、より採集を行う)。育児バチ（nurse）は房から花粉を取り出し、成長する幼虫たちに与え、そして花粉採集バチに花粉へのアクセス権（access）を与える。育児バチから花粉へのアクセス権を得ると、採集行動に負のフィードバックが働く（つまりより多く食べると、少ししか採集しなくなる）。幼虫の空腹レベルが高いと、採集行動を促す空腹フェロモンを出す。つまり幼虫の世話は空腹レベルを下げる。最終的に花粉ダンスが花粉の利用可能性と位置についての情報を提供し、採集に自発的には取り組まない働きバチに、採集の手伝いをさせるのである。

1.3 本書を書いた動機

　個体識別可能な動物のグループを相手にする研究者の観点でネットワークを探究する本を書くなら今がその時だ、と私たちが考えるのにはいくつか理由がある。第一にネットワークアプローチには、個体から集団にいたるすべてのレベルでの動物の社会構造に対する量的分析を実行する手段の一つとして、大きな潜在性があると信じるからである。後の章で描かれるように、ネットワークアプローチを用いれば、個体や集団に対して社会構造の量的指標を与えられる。これらの指標はデータ分析のためのエキサイティングな機会を与えてくれる。たとえば形態（体サイズなど）・行動（たとえば大胆さ）・繁殖成功などの指標化された個体属性、また血縁度などの個体間指標の文脈で分析されうる。これらすべてが動物の社会構造を下支えし、動物の社会構造によって下支えされるメカニズムと機能に新たな光を当ててくれる。ネットワーク構造の理解が、個体属性単独あるいは個体間インタラクション単独の情報よりも、個体や集団について多くのことを教えてくれるということが基本的なポイントである。

　本書ではっきりと伝えたいメッセージの一つは、動物の社会ネットワーク分析は今も進歩しつつある分野だということである。紹介しようとしている内容の大部分は、今も情報が更新されていっている。しかし本書の第二の目的は、必要な残りのツールを進歩させることに興味を喚起し、このアプローチを動物行動学における不可欠なツールとすることである。ネットワークの潜在的使用例を列挙する前に、すでに可能になっていることを描写して読者の関心を刺激しよう。この目的のために架空生物（*Commenticius perfectus*）のデータセットを用意し、い

社会ネットワークへの招待　　　　　　　　　　　　　　　　　　　　　　　　　　　*11*

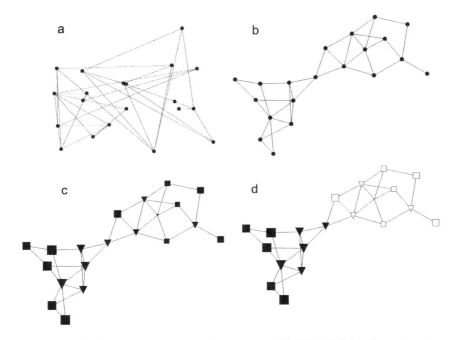

図1.4　架空生物（*Commenticius perfectus*）についての同じ動物の社会ネットワークの4つの描画。(a) ランダムレイアウト、(b) spring embedding 法、(c) 点の形とサイズが動物の属性を描写。形は性を（四角がオス）、大きさが体長を表す、(d) 形がコミュニティのメンバーであることを示す（他の点のサイズや形などの特徴はcと同じ）

くつかの使える技術を説明しよう。ログブック上で、あるいはデータベースやスプレッドシートにロードしたとしても、関係性データは数字がでたらめに羅列しているだけで、識別可能なパタンは無いかのように見える。ネットワークデータに意味を与える最初のステップは、それをプロットすることである（多くの場合それが主要なステップなのだが）。第3章でより詳しく探究するように、プロットする方法によって大きな違いが生まれる。

　図1.4aの20個の点（動物）と35本の辺（インタラクションやアソシエーション）を含むもっとも単純な例でさえ、ネットワークはオリジナルのデータと同様に特徴がないように見える。しかしより魅力的に見えるように点や辺をいとも簡単に配置して描いてくれるコンピュータのパッケージがたくさんある。図1.4bは、同一のネットワークをばね埋め込み法（spring embedding）と呼ばれ

る技術を用いて描かれている（第3章を参照せよ）。この図からはすべての動物が互いに結合し単一のネットワークを形成していることが一目でわかるが、たとえばいくつの結合をもっているかに関して、あるいはネットワークの全体における中心的または周辺的位置を占めるかどうかに関して、動物がすべて同等ではないことも明らかだ。

私たちの経験では、苦労して勝ち取った関係性データのこの最初の単純な可視化は研究者に大きな衝撃を与えることが多く、ほとんどの場合ネットワーク構造がそのようになっているのはなぜかについての興味深い問いと仮説を生み出させる。性や体サイズといった個性や個体の属性データを加えればより良いものとなろう（図1.4c）。この情報によりネットワーク内で誰が誰と結合するか、どの個体が中心的でどの個体が周辺的になるかに対して表現型の属性がどのように影響を与えるのかがわかる。

ネットワークについての問いを提起したら、次にその構造を定量化する必要がある。全体ネットワークサイズ、どのように局所的ネットワークの隣接者が相互結合し合っているか、どのようにネットワークが全体として相互結合しているか、どのようなクラスの個体（たとえばオス対メス）が中心的・周辺的になるのかなどといった、ネットワーク構造の局所的・全体的特性を指標する記述統計量の全部を計算できる。これらの指標のいくつかについての詳しい説明は第4章で行う。またネットワークの中に下部構造、いわゆるコミュニティを探すこともできる。コミュニティを相互結合する個体を弁別し、ネットワーク上で鍵となる彼らの位置と属性を関連づけることもできる（図1.4d）。最後に *C. perfectus* のネットワークの構造と他のネットワークのものを比較してみたいと思うかもしれない。異なる環境条件のもとでの同じ集団、異なる行動的インタラクションにもとづいて、あるいは他の集団や種の比較をすることで、観察されたパタンの一般性や（環境などの）外的要因が社会的インタラクションのネットワークに与える影響についての洞察を得るだろう。ネットワーク間比較というオプションの探究は第7章で行う。

では私たちはネットワークアプローチを用いてどんな生物学的問いを立てることができるだろう？ そうした問いはたくさん立てられるだろうが、ここでは研究上ありうる方針についての議論を少しだけ紹介しよう。

社会ネットワーク分析を用いれば、個体に注目して個体の行動に対するネットワークの影響を評価することができる。社会環境が個体の行動の表現型への適応的な結果をもたらすという考えはゲーム理論の中心であり（Maynard Smith 1982）、行動戦略についての理論的研究はインタラクションパタンの重要性を実証してきた（Nowak and May 1992；Nowak, Bonhoeffer, and May 1994）。ネットワークアプローチは個体の行動を集団の社会構造の文脈に落とし込み、それによって行動戦略の進化の理解を助けてくれる。たとえば大槻ら（2006）は、協力の進化は社会ネットワークの微細構造に強く依存していることを示した。彼らは完全な社会的混合のもとでの（つまりそれぞれの個体が互いに他の個体と等しくインタラクトできる状況）ネットワークにおいては、裏切者は協力者をだまして利益を得る。しかしもし個体が暮らす世界の社会的混合が完全でないのならば、個体ごとの平均結合数が十分小さい場合、淘汰圧は協力者を選択するように働く。言い換えるとネットワーク構造は協力的戦略が集団内に固定するかどうかを決定するということだ。ネットワークアプローチは、したがって個体の行動を集団の文脈に落とし込み、それにより行動戦略の進化の理解を助けるのである。

　行動が発現する社会環境の理解が、信号伝達（signaling）の文脈では重要であると繰り返し認識されてきた（McGregor and Dabelsteen 1996）。個々の信号発信者とその受け手が結合する「コミュニケーションネットワーク」についての文献は多くなってきた。このアプローチは、信号のデザインや機能、信号進化の社会環境の役割についての重要な洞察を提供する。これらのコミュニケーションネットワークは、調査している個体それぞれに対して定義される。社会ネットワークアプローチとコミュニケーションネットワークのそれとを組み合わせることには明らかに大きな潜在性がある。とくに生産的な領域とは、複数のコミュニケーションネットワークにわたって拡張してゆく社会ネットワークにおいて生じる情報伝達を見ることである（そしてそれゆえそのネットワークは直接のコミュニケーション領域にはいない個体を含むのである）。

　ネットワークアプローチはまた個体の行動がネットワーク構造と機能に与える影響を照らす潜在性をもつ。たとえばフラックらは、霊長類の社会的ニッチ構築の研究を行った（Flack et al. 2006）。ブタオザル（*Macaca nemestrina*）の飼育群での「ノックアウト」実験を行い、警察行動（policing behavior）（闘争時の介

入）を行う集団内の少数の個体の重要性を検証したのである。ネットワークから警察行動を行う個体がいなくなると、遊びや直接接触を伴う休息を含む広範な行動において、多様性が低く相互結合の弱いネットワークとなる。このアプローチを他の分類群や行動に拡張することは明らかに大きな魅力だ。

　ネットワークアプローチの強みとは、集団レベルまたは異集団間レベルの問題を、個体レベルのインタラクションから複雑な社会構造を構築することで対処することのもつ潜在的可能性だろう。したがってネットワークアプローチは、個体と集団の間の溝を架橋しているのであり、集団レベルプロセスのモデリングと密接に関係している。たとえばネットワークアプローチを用いれば、集団の中で誰と誰が結合しているのか、誰が誰から学習したか（Latora and Marchiori 2001）、あるいは病気が誰から誰に感染したか（Watts and Strogatz 1998；Corner, Pfeiffer, and Morris 2003；Cross et al. 2004）についての仮説の定式化を助ける情報を特定することができる。社会ネットワークによって明らかにされる個体間の微細スケールのインタラクションパタンの理解は、疾病感染の伝統的な疫学モデルや社会的学習モデルによるランダムインタラクションの前提を大きく進歩させた。多くの社会システムが自己組織化の要素を含んでおり、そこでは行動的インタラクションが集団レベルプロセスに強く影響を与え、反対に集団レベルプロセスは個体にフィードバックするということを同様に理解できる（Camazine et al. 2001）。ネットワークアプローチは双方向のプロセス、つまり個体→集団、集団→個体、を扱いやすくしているといえるだろう。

　本書を書くもう一つの動機は、図としてはネットワークアプローチを用いているのに、量的分析をしない動物行動の研究者が多い、またネットワーク手法を用いれば有益な分析ができるはずの関係性データのセットをもっている研究者が多いということだ。私たちはどちらの側の人たちにも前に進むよう促したい。動物行動学者がシステムを研究する際に疑似ネットワークアプローチを用いることがどれほど多いかは注目に値する。動物行動に関する最近の学会で、25％のポスターがデータをネットワークの形で提示していた。相互結合している個体を線で表すのは、鳥類や哺乳類の研究では一般的なアプローチだ（とりわけ霊長類ではそうだ。一例として図1.5を参照せよ）。しかし彼らはネットワークアプローチの力や、もし適切な方法（第2章）でデータを収集してさえいればネットワーク

社会ネットワークへの招待　　　　　　　　　　　　　　　　　　　　　　　　　　　　*15*

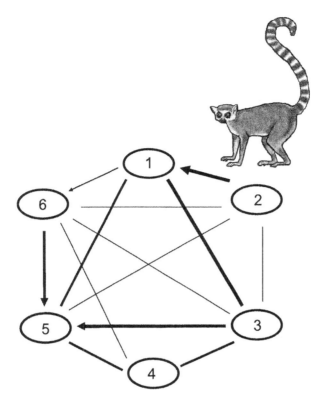

図 1.5　ワオキツネザル（*Lemur catta*）の母親間のアカンボウ舐め（infant licking）のソシオグラム（Nakamichi and Koyama 2000 より再掲）。線の太さはインタラクションの頻度を示し、矢印は非対称関係を示す（ある母親が他の母のアカンボウを偶然による期待値よりも有意に多く舐める場合）

アプローチでデータセットから抽出できる豊かな情報には十分気づいていないようだ。ネットワークは純粋に描画ツールとして用いられることはよくあるが、分析ツールとして用いられることはほとんどない。ネットワーク表現というよく知られた利用と、統計分析の欠如あるいは表面的な利用の間のこの食い違いが、本書の執筆を促した。

　本書を書く際、動物行動学者にとってもっとも適切な巨大ネットワークの文献のいくつかをまとめて提示することをめざした。社会学や物理学・数学の分野におけるネットワークの文献は豊富だが、生物学者の要求のみを満足してくれる本

の存在は、いくつもの理由で利益があると感じた。物理学・数学の文献におけるネットワーク理論に関する業績の多くは、経験のない読者には高度に技巧的で難しすぎる。ここまでこの主題の未経験者にとって適切なネットワーク理論の概念やツールについての序論を書いてきた。社会科学における文献のいくつかは消化可能ではあるものの、アプローチに違いがあることは言及しておかねばならない。動物行動学に関わる生物学者は一般に行動のメカニズムだけではなく、行動の機能や進化的起源にも関心がある。たとえば生物学者はどんな選択圧が、そのネットワーク構造（すなわち個体間のインタラクションパタン）をもたらしたのかを理解したい。同一種（または近縁種）の異なる集団のネットワークの比較研究は、そうした問いに答える一つの道だろう。そうしたアプローチは社会学者や心理学者の関心とは原理的に異なる問いの発展につながる。さらに実験デザインやデータ収集に含まれる問題（本書第2章で扱われるトピックだが）が社会学と動物行動学では大きく異なるのである。動物行動学者にとって、観察されたパタンの一般性を検証するために実験を再現することや、理想的には隠れたメカニズムや機能を研究するためにそのシステムを実験的に操作できることが決定的に重要だ。サンプリングの仕方がネットワーク構造に影響を与えるということを意識する必要もある。この問題には後の章で何度も立ち返るであろう。同業者が今後動物の社会ネットワークの研究でこれらの問題を扱う際、本書が役立つことを期待したい。

　最後の目的は、なんでもかんでもネットワーク分析にかけようとするのをいさめることである。ネットワークに関する物理学の仕事は、動物行動学者が扱うどのデータよりもはるかに大きいデータセットを考慮しており、したがって異なる統計的近似を適用する。本書では生物学者が普通扱うであろうサンプルサイズに対して「すぐ使える」ネットワーク理論を提供するよう心掛けた。社会ネットワークのデータを収集している大半とは言わないまでも多くの生物学者は、システムのスケールフリー特性を現実的に検定可能にするほど、十分大きなデータセットは得られない（詳しくは第4章を参照せよ）。スケールフリー特性は、物理学者や数学者などの間で強く興味をもたれた論点だが（Barabási and Bonabeau 2003 を参照せよ）、数十ないし数百の霊長類・鯨類・有蹄類個体の観察で情報を収集する大半の動物行動学者にとって主要な問題とはなりそうもない。

1.4　本書のアウトライン

　本書は、飼育下またはフィールドにおける動物のグループや集団の社会組織のデータを集めたいと思っている動物行動学者を第一に読者として想定している。したがって研究のデザインの仕方や社会ネットワークアプローチを用いたデータの集め方・提示の仕方・分析の仕方・解釈の仕方について実用的なアドバイスをしたい。それぞれの節や章は、読者が自分に合わせた分析プロセスを完成できるようにしてあるが、複雑になってゆく論点がカバーされるようにデザインした。必要なのは記述統計量についての情報だけ、という読者もいるだろう。シミュレーションを走らせたり、コミュニティ構造を探すアルゴリズムを使ったり、より発展させることに集中したい読者もいるだろう。したがって本書は初心者に向けて書かれたものではあるが、同時に私たちと興味を共有し社会ネットワークに魅力を感じるこの研究分野の一人前の科学者たちにも使ってもらいたい。

　文中どこでも可能なかぎり、記述ネットワーク統計量の計算や検定・シミュレーションを走らせることのできる多くのソフトウェアのうちの一つは指摘したい（Box 1.1 を参照せよ）。これらのパッケージはネットワークアプローチをより多くの初心者に近づきやすいものにしてくれる。本書は特定の分析・描画パッケージを使用するガイドではないが、UCINET と NETDRAW はテキストを描くのに多用した。私たちの経験では、両プログラムは扱いが簡単で、動物のネットワークを探究するのに適している。両プログラム用にフリーの試用版がインターネット経由で得ることができる。同じ仕事をさせられるソフトウェアパッケージは数多く存在している（レビューとして Huisman and van Duijn 2005 を参照せよ）。

Box 1.1　本書で参照するプログラムの概観

　Huisman and van Duijn（2005）の最近の著書は、社会ネットワークを分析するための、商用・フリーのパッケージの包括的なレビューをしている。Scott（2000）の付録でも多くのパッケージがまとめられている。社会ネットワークの潜在性を説明するために、本書では UCINET（Borgatti, Everett, and Freeman 2002）を用いたが、これは人間の社会ネットワークデータの分析用に比較的多く利用されてきた

ソフトウェアパッケージの一つである (Huisman and van Duijn 2005)。他のプログラムやパッケージも非常に使いやすいことがわかっている。ここでは本書で重要となる主要なプログラムの概観を示す。

UCINET：社会ネットワーク分析用の包括的パッケージである (Borgatti, Everett, and Freeman 2002)。Excel ファイルに加えて異なるフォーマットのテキストファイルの読み込みや書き出しが可能である。巨大なデータセットを扱うことも可能で、最大 32,767 点（個体）からなるネットワークまで分析可能であるが、それほど多くのデータを集めることは誰もできないだろう。UCINET はまたネットワーク分析の方法や手続きを幅広く提供してくれ、本書のこの後の章で描かれる技術の多くを含んでいる。全体として UCINET は非常に使いやすくユーザーフレンドリーなパッケージである。UCINET には社会ネットワーク描画用に NETDRAW が組み込まれている（下を参照せよ）。

NETDRAW：二次元空間上の社会ネットワーク描画用にスティーブ・ボルガッティが書いたフリーのプログラムである。描画は非常にフレキシブルで、幅広いフォーマットでネットワークを表示させるアルゴリズムを複数用いている。同時に複数の関係性を扱い、点の属性に色・形・サイズを用いることができる。NETDRAW でも、いくつかの分析手続きを行うことができ、その中でもっとも有用なものはおそらくコミュニティを可視化する能力である（第6章を参照せよ）。作成したネットワークイメージは、metafile・jpg・gif・bitmap を含む多くのフォーマットで保存できる。ファイルを NETDRAW にインポートする多くのオプションが用意されている。

SOCPROG：ハル・ホワイトヘッドが社会構造・集団構造・識別個体の動きに関するデータ分析用に書いた MATLAB プログラムのシリーズである。SOCPROG はユーザーインターフェース経由で動き、ほとんどの操作はボタンをクリックすれば実行されるので MALTAB の知識は必要ない。コンピュータ上に MALTAB を実装していない人用に、MALTAB なしで動くコンパイルされたバージョンもある。

POPTOOLS：行列集団モデル (matrix population model)、確率プロセスシミュレーション、モンテカルロ計算、ブートストラップ統計の分析用ツール集であり、Excel 97 以上のバージョンで動く。プログラムのインターフェースは自明のものであり、POPTOOLS には、非常に使いやすいよくできたデモがついてくる。行列サイズが EXCEL で操作可能なサイズ（ワークシート上での列数の限界の関係で 255 × 255 セルまでである）を超えてしまう場合、タブ区切りテキストファイルを用いて距離行列を入力できる（詳しくは POPTOOLS のヘルプで得られる）。

社会ネットワークへの招待　　　　　　　　　　　　　　　　　　　　　　　　*19*

　本書を通じて自分の道を見つけられるよう、ネットワークアプローチをとった後、読者が辿る各段階のアウトラインを示した：

1. 初発の問いの定式化

　すべての科学的営為は答えようとする問いがあって始められる。自分の個別の問いがネットワークアプローチで処理可能であるかどうかは基準の数による。個体識別する必要があるし（下の2点目を参照せよ）、それらの個体間のインタラクションの観察が必要だ。ほとんどの場合で、グループ内でのインタラクションパタンについての情報を構築するには、同一個体を繰り返し観察できないといけない（第2章）。

2. 個体識別に用いる方法の決定（第2章）

　ネットワークの構築は普通、個体識別または少なくとも個体のカテゴリー識別（たとえば社会性昆虫のカースト）に依存している。個体にマーキングする多くの技術について第2章で議論する。

3. インタラクション指標と研究デザインの選択（第2章）

　インタラクション指標の選択は調査のタイプに依存する。個体間の社会的インタラクションはしばしば複数の感覚経路（たとえば視覚・聴覚・機械的刺激）を含んでいる。モニターしようとする個体の数や、それらの個体をどれくらいの頻度でどれくらいの期間観察するかを決める必要がある。

4. インタラクション指標の定義（第2章）

　インタラクションを構成しているものや、そのインタラクションの厳密な性質を知るには、注意深い観察と定義をし、データセットを標準化し再現可能性をもたせることが必要である。多くの場合、グループ内での共在性（co-membership）やアソシエーションなどの指標は、一対ごとのインタラクションにいつも利用可能なプロキシである。

5. 適切な記録方法の選択（第2章）

観察はさまざまな方法で行われうる（たとえば連続観察法・点サンプリング法・イベントサンプリング法）が、その選択は収集されるデータの質と量についての重要な含意をもつことになる。フィールド研究はしばしば動物の動き（研究地内外への移動）や死亡に制約を受けるため、代表的な社会ネットワークの記録が可能になるよう始めから慎重にデザインせねばならない。

6. データの整理（第2章）

個体間の社会的インタラクションについての情報はデータ分析用の行列として整理する必要がある。

7. サンプルサイズの考慮（第3章）

その研究にとって必要なデータ量は、答えようとする問いと、研究対象のシステムがどれだけ動的であるかに依存している。たとえば個体間のインタラクションが相対的に安定しているのであれば、その社会構造は比較的少ない観察で得られることになるだろう。

8. 社会ネットワークの構築と可視化（第3章）

実験デザインやデータ記録技術が期待する結果を生むかどうかを確かめるには予備的研究をしてみることだ。この目的のためにネットワーク用のデータセットは時間が経つとどのように構築してゆくかをモニターし、予備的分析をしてみるのがよい。予備的分析は、与えられたサンプルサイズで、研究すべてが完了する前に、有意味なデータとなる個体ごとの現実的な観察繰り返し回数が実現できるかどうかを素早く示してくれる。ネットワークを眺めることは、こうした文脈でとても役立つ。もしデータをもっていてネットワーク理論を用いて分析したいのならここに飛ぶこと。

9. 細かいネットワーク分析の実行（第4章から第7章）

多くの量的測定法を用いて、個体から集団までの異なるスケールの組織を通じ

た社会構造を描き出す。記述統計（第 4 章）の多くはコンピュータパッケージ内で素早く計算できる。より進んだ技術は統計的検定を要するが、そのうちのいくつかはコンピュータパッケージを使えば利用可能である（第 5 章から第 7 章）。

10. ネットワーク指標の解釈（第 5 章）

　実測のネットワークと帰無モデル（null model）を形成するランダムネットワークとを比較することは非常に役立つことが多い。多くの異なるランダム化手法が存在するが、注意して区別しなくてはならない。というのも、その選択が自分のデータの結果と解釈に重大な影響を及ぼすためである。

11. 下部構造の探索（第 6 章）

　ネットワークの微細構造をよく見ることは、下部単位（いわゆるコミュニティ）や下部単位をつなげている個体を特定するのに役立つ。どちらのタイプの情報も検定可能な仮説の定式化に大変役立つ。

12. ネットワーク間の比較（第 7 章）

　異なる生態学的条件の下で、同一個体のセットや個体をつなぐインタラクションパタンを比較することは、集団の社会構造に関する重要な情報を提供してくれる。同様に、近縁種や異なる生態学的条件にあると期待される同種他個体集団のインタラクションパタンを比較できる。このタイプの分析は、社会組織の進化についての洞察を与えてくれる。

第 2 章
データ収集

　動物の社会ネットワークの探究を始めるにはデータが必要だ。この章では、そのようなネットワークを構築するためのさまざまな種類のデータの概要、そうしたデータはどのように収集すべきかを説明する。ネットワークとは、観察されたインタラクションやアソシエーションを通じて、それぞれの動物が他個体とどのように関係しているのかを表す関係性データセットである。それゆえネットワークデータセットにおける鍵となる要素とは、動物間の一対ごとの関係の集合であり、それぞれはネットワークの辺（edge）として表現される。ただこれらの関係性データが話のすべてというわけでもない。本書を通じての共通のテーマとは、社会ネットワークにおいて明らかにされるように、個体ごとの特性を可能な説明変数として用いることで社会的関係の構造の解釈を試みることだ。こうした特性（いわゆる属性データ）もまた、収集・分析されねばならない。

　どんなデータが社会ネットワーク分析に適しているかを概説しながら、そうしたデータを収集する異なる方法を紹介しよう。私たちに関心のあるタイプの社会ネットワークを構築するための必要条件の一つは、個体は識別可能で、そのインタラクションが観察可能ということである。このために利用可能な技術の一部を概説し、その利点と限界について議論する。採用するサンプリングプロトコルは、研究するシステムや社会関係の定義に依存する。たとえば実験室では、すべてのペアのインタラクションを追跡して記録することは可能だろうし、それにより連続記録も可能だろう。野生の集団ではこんなことはほとんど不可能だし、点サンプリング法（離散時間間隔で集団をサンプリングすること。詳しくはMartin and Bateson 2007 を参照せよ）の採用を余儀なくされる可能性が高いだろう。研究しようとする集団がとても小さければ、すべての個体に標識付けて監視することができ、社会構造についての潜在的で完全な情報を提供できるだろう。もちろんほとんどの自然集団は大きすぎてこれができない。そのため私たちはどれだけ多くの個体を観察し、どれだけの期間サンプリングを行うかを決めな

くてはならない。

　最後に、私たちはデータをその後のネットワーク分析に適する形式で提示する必要がある。関係性データは行列に配置するのが規約であり、異なるタイプの行列や社会ネットワーク分析における利用について議論し、データを適切な分析と描画ソフトにロードする際の苦労を軽減するために、データをどのように整理するかについてのいくつかの指針を示す。

2.1　関係性データ

　社会構造は個体間の毛づくろい・交尾・闘争などの行動的インタラクションの結果として考えることができる（Hinde 1976）。動物の社会ネットワークの本質的要素とはつまり、個体間のインタラクションのある形式を要約する関係性データセットを表現することである。インタラクションをしている動物は常に「二個体同時」で考慮される。つまりネットワークの建築用ブロックである辺は常に二個体の間をつないでいるのである。「一対ごとの」インタラクションのすべてを蓄積したあとには、実際そのインタラクションが研究しているシステムのメンバーの多くまたはすべてをつなげているかどうかという関心が生じる。図1.1のような関係性の全体ネットワークは、「誰が誰と結合しているか」、またどれほど近く結合しているかを記述する。社会ネットワーク分析は主として、一対ごとの関係のネットワーク構造の統計的指標に関係している（第4～7章を参照せよ）。

　一般的に言って、動物の社会ネットワークの基盤として考慮する関係性データには二つのクラスが存在する（Whitehead and Dufault 1999）。第一に個体間のアソシエーション（association）にもとづき一対ごとの関係を定義できる。たとえば同一の社会グループ・泊まり場・巣にいる個体はアソシエートしていると考えることができる。これから見るように、これは社会ネットワークのデータを編集する際のきわめて一般的な方法である。第二に好まれる方法として、観察された二個体間の行動的インタラクション（behavioral interaction）にもとづき辺を描くことができる。関係性データセットの基盤を形成する一対ごとのインタラクションは広範に存在する。競争的・協力的インタラクション、毛づくろいや交尾、攻撃的・服従的などと名づけられているものがその例のほんの一部である。

　幸いアソシエーションベースのデータもインタラクションベースのデータもと

もにネットワークとして分析可能であるが、アソシエーションベースのネットワークで生じるいくつかの方法論的問題は、純粋に一対ごとのインタラクションデータを収集している研究者は心配する必要のないものだ。このことについての詳細は本書の後半まで待とう。しかし必要に応じてこれら二つを区別するように心がけた。表現している概念が両方のタイプのデータにとって適切である場合には、二つの関係性データを表現するのに「インタラクションまたはアソシエーション」として参照するか「関係（relations）」という用語を用いる。

　属性データの観点からネットワークを説明しようとすることが多いが、そのことは関係性データそのものの分析を妨げるわけではない。関係性データセット内で標準的な統計手法を用いて比較することは可能である（ときには有用でもある）。たとえば相互的（reciprocated）な毛づくろいイベントの数と非相互的な毛づくろいイベントの数を比較することができる（たとえば Hart and Hart 1992；Manson et al. 2004）。もちろん集団内のインタラクションのデータを一種類以上集めて、異なるインタラクション間の関係性を比較できるようにしたいと思うかもしれない。たとえば相互的な協力的インタラクションを形成する動物は頻繁に社会化（socialize）する（第 7 章を参照せよ）という仮説を検証することに興味がわくかもしれない。ある与えられた社会ネットワークは、すべて同じタイプのインタラクションを表現する辺を含んでいることが約束だ。だからインタラクションを比較するためには別々のネットワークを比較することが必要となる。どうしたら統計的に比較ができるかは第 7 章で探究する。

空間的近接性にもとづく社会的アソシエーションの定義
　行動的インタラクションから構築される社会ネットワークは個体間の社会関係の性質について詳しい情報をもたらしてくれるものの、そうしたインタラクションの観察は困難なことが多い。空間的近接の指標にもとづく（同一グループで観察される個体同士など）個体間のアソシエーションパタンを定量化したアソシエーション指標を用いて社会構造を記述することで、この問題は回避されてきた。（アソシエーションベースの関係性データが劣っているとの印象を与えないように、それらは多くの場合でインタラクションデータの中には見出すことがまずできない社会構造を明らかにできるということを指摘しておかねばなるまい。）

鍵となる問題は、動物二個体がアソシエートしているかどう決定するかである。普通の方法は、空間的近接にもとづく決定である。そしてそれには基本的に二つのアプローチがある。第一にグループのメンバーシップを用いることだ。すなわちある一つのグループにいるすべての個体がアソシエートしているものとする。第二に空間利用にもとづいて定義することである。つまり生息域の同一パッチ内のすべての個体がアソシエートしているものとする。インタラクションが及ぶ空間スケールの定義は、アソシエーションデータを収集するうえで重要な決定である。もし空間スケールが大きすぎれば、生物学的に有意味なアソシエーションがまったく生じないようなグループに個体をまとめてしまうことになる。逆に空間スケールが小さすぎれば、重要なアソシエーションを排除してしまうだろう。アソシエーションに対する空間スケールの定義は関心事となっている問いに依存する。たとえばネットワークを通じた情報の社会的伝達に関心があれば、二個体は情報を交換することが潜在的に可能である場合にアソシエートしている、と定義するのがよいだろう（Bradbury and Vehrencamp 1998）。したがって研究対象種のコミュニケーションシステムに対する制約や感覚経路の理解が、きわめて重要になるのである。対照的に身体接触によってのみ伝染可能な疾病（たとえば多くの皮膚疾患）の伝染に関心があるなら、直接的な身体接触をしている個体にだけ注目すればよい。

グループのメンバーシップにもとづくアソシエーションの定義

個体間の社会的アソシエーションパタンを定義するもっとも単純な方法はおそらく、グループのメンバーシップによるものである（同一社会グループで観察される個体を社会的紐帯（social tie）をもつものとして記録する）。グループ生活は協力・社会的学習・繁殖を含む多くの他の行動の基礎を形成するために、こうした定義は一般的な関心事でもある（Wilson 1975；Krause and Ruxton 2002）。空間的（こちらの方がより使いやすいが）あるいは時間的にグループ形成を定義するのかに関わらず、この方法によるアソシエーションの定義は「集団切り出し法（the gambit of the group）」と呼ばれてきた（Whitehead and Dufault 1999）。ネットワークの用語でいえば、集団切り出し法を用いることは、同一グループに見いだされる個体のすべてのペア間に辺を与えるということを意味している。集

団切り出し法は、魚類（Helfman 1984；Ward et al. 2002；Croft, Krause, and James 2004a）、鯨類（Slooten, Dawson, and Whitehead 2003）、有蹄類（Clutton-Brock, Guiness, and Albon 1982；Cross et al. 2004；Cross, Lloyd-Smith, and Getz 2005）を含む幅広い系統でのアソシエーションの定義に利用されてきた。本書の残りではこの方法で構築されたネットワークの分析に多くの注意を向けることになるだろう。

　グループのメンバーシップにもとづきアソシエーションを定義する場合、考慮すべき多くの重要な問題がある。第一に動物がアソシエートしているのはなぜかと考える必要がある。アソシエーションが表しているのは（潜在的な）社会関係なのか？　あるいは他の理由で集まっているのか？　たとえば個体は社会的な理由ではなく、食物パッチのような資源の集中が原因でアソシエートしているのかもしれない。そうしたグループは一般に集合（aggregation）と呼ばれる（Krause and Ruxton 2002）。ある社会的文脈で「誰と誰がアソシエートするか」に関心がある場合、採食集合にもとづく関係性データは誤解を招く恐れがある。というのも採食集合は集団の真の社会構造を反映していないかもしれないからだ。しかしながら感染個体や感染しやすい個体への近接を要する疾病の伝染に注目するなら、「誰と誰が一緒に採食したか」とか「誰と誰が一緒に巣に入ったか」などの情報は適切だろう（空間利用にもとづくアソシエーションの定義の節を参照せよ）。したがって集合と社会グループの間の区別や（Krause and Ruxton 2002 を参照せよ）、どの定義が研究しているシステムや扱っている問いにとってもっとも適切かを決定することが重要なのだ。

　集団切り出し法を関係性の定義に使うならば、どんな基準にもとづいて二個体が同一グループにいるとみなすのかも決定しなければならない。標準的な方法は個体間距離にもとづく決定である。距離を推定する便利な方法は、体長を用いることである。動物のおおよそのサイズが既知であれば、個体間が体長いくつ分かを測定の標準単位に置き換えられる。図 2.1 で描かれているような「連鎖法（chain rule）」を用いるのは賢明な方法だ。距離 d という閾値を選び、ある動物とその最近接個体の距離がそれより小さければ同一グループにいるとみなし、最近接個体が d より離れていれば二個体は異なるグループにいるとみなすのである。

　もちろん d の値は生物学的に有意味でなくてはならず、量的測定によりわか

データ収集

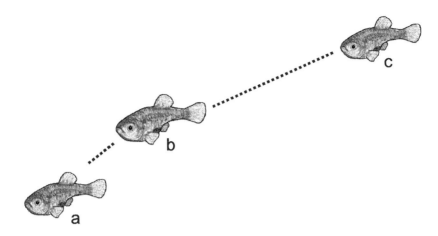

図 2.1 「連鎖法」にもとづくグループの定義の例。a から b までの距離と、b から c までの距離が閾値の距離 d 以下であれば、a から c までの距離が d 以上あったとしても、三個体すべてが同一グループに属するとみなす

るものでなければならない。たとえばスコットランドの西海岸沖のラム島のアカシカ（*Cervus elaphus*）の調査では、クラットン=ブロックらは、シカのグループを一定方向に見渡し、それぞれの個体から最近接個体（追跡個体のもっとも近くに頭部がある個体として定義）までの距離を目測することで d の値を推定した（Clutton-Brock, Guiness, and Albon 1982）。クラットン=ブロックらは最近接個体までの距離には二峰性の分布があり、ほとんどが 40 m 以内にいるか、あるいは 60 m 以上離れていることを見出した。したがってある個体の 50 m 以内の最近接個体であることをもって、その二個体が同一グループに属するものと定義した。さらなる観察はこの定義の妥当性を確かなものとした。つまり同一グループのシカの 90％ の間では行動的同調が生じた一方で、異なるグループ間では 56％ の個体間だけでしか生じなかったのである。

群れをつくる魚の調査では、四体長分を基準として採用することが多い（Pitcher 1983；Krause and Ruxton 2002）。魚が群れる際に魚同士の観察される平均距離がこの基準以内であることが多いのである。図 2.1 では、魚 a は魚 b の四体長分以内におり、魚 b も魚 c の四体長分以内にいる。連鎖法のもとでは魚 a と c は四体長以上離れているのにもかかわらず三個体はすべて同一グループにい

ることになる。とくに「アソシエーション」が「インタラクション」より一般的にグループメンバー間の「潜在的インタラクション」の代用として用いられている場合には、そうした連鎖法の適用には慎重になる必要がある。それゆえグループ内のすべての個体が本当にインタラクトできるかアソシエートできるかどうか自問せねばならない。小さな淡水魚グッピー（*Poecilia reticulata*）の調査では、連鎖法を用いて社会的アソシエーションを定義し、同一の群れで観察されたすべての魚は直接のネットワーク結合をもつものとみなした。この仮定は、グッピーの群れは十分小さく（Croft et al. 2003）、群れの個体はすべて直接的にインタラクト可能であるという事実や、野生のグッピーのメスは群れのメンバーとはランダムに選ばれた相手とも「親密」であったという Griffiths and Magurran（1998）が明らかにした証拠にもとづいている。しかし外洋性魚類の群れやアフリカの平原を移動する有蹄類の群れの調査であれば、そうした定義は不適当である。というのも数千個体いや数十万個体にもなる群れに含まれるどの二個体も、インタラクトする確率はきわめて小さいからだ。そうした環境では大グループ内の下部構造を調べることで調査は進展するだろう。たとえば最近接個体距離にもとづく社会関係を定義することで（たとえば Sibbald et al. 2005）、大グループ内における微細スケールの社会構造について調べることができるだろう（本章後半の方向性のあるネットワークインタラクションの節を参照せよ）。このことはグループメンバーの相対的な空間的位置がわかる場合にのみ可能である。もしそれが観察できないなら、グループ全体以上に空間解像度を上げることはほぼできない。こうした状況で利用可能な方法の一つは、第3、第5章で探究するように、頻繁に生じるアソシエーションのみに注目することである。このアプローチは、純粋な（または潜在的な）社会的インタラクションではなく偶然による空間的近接のために生じるアソシエーションを除外してくれるものと期待できる。

空間利用にもとづくアソシエーションの定義

　多くの研究で、共有空間利用が社会的アソシエーションの定義の基礎として用いられてきた。すでに言及したように、これは革新（innovation）された行動や疾病の伝播の研究には適切なアプローチだろう。たとえば、フクロギツネ（*Trichosurus vulpecula*）の研究において、Corner, Pfeiffer and Morris（2003）

は、連続数日以上一緒の巣穴（den）で眠ったことにもとづくアソシエーションネットワークを構築した。この研究で Corner らは、結核（*Mycobacterium bovis*）の伝播に関心があった。というのも巣穴を共有することが感染の最大のリスクとなるからだ。アソシエーションの似たような定義は、ねぐらを共有するスピックスツキコウモリ（*Thyroptera tricolor*）の社会組織の調査にも用いられた（Vonhof, Whitehead, and Fenton 2004）。採食場・水飲みの洞（うろ）・繁殖場などを共有する集団に対しても似た概念は適用可能だろう。

行動的インタラクションにもとづくネットワーク結合の定義

　同一グループメンバーや共有空間利用などからの推論によるのではなくて、敵対的・協力的・相互的・性的インタラクションといった個体間の行動が直接に観察可能であるならば、より直接的アプローチで動物の社会ネットワークの構築が可能となる。このような例として思いつくのは、Sade（1972）によるアカゲザル（*Macaca mulatta*）の集団において「誰が誰を毛づくろいしたか」を記録することにより、毛づくろい行動（社会的紐帯強化のために重要な行動）のパタンに関するデータの収集をした研究である。

　この場合重要なのは、行動的インタラクションの定義が動物の自然な行動により可能であるということと、問いが何であるかということである。行動計測についての影響力のある本のなかで、Martin and Bateson（2007）は行動の四つの計測について概説した。すなわち潜在時間（latency）、頻度（frequency）、持続時間（duration）、強度（intensity）である。社会ネットワークは一般的にはインタラクションの頻度と強度の情報から構築される。しかし、これはいくつもの方法で定義されうるし、行動的インタラクションの定義に異なる基準が用いられるかもしれない。相互毛づくろいによって定義されるインタラクションを例にとれば、いくつもの基準を用いていることだろう。つまり相互行為は、ある時間枠（潜在時間）以内に生じなくてはならない、あるいは開始時の行為と同じか長い持続時間をもち、同じくらいの強度（たとえば毛づくろいされる個所）をもたねばならないなどの基準である。したがって行動的インタラクションを観察する際には、複数の計測値を収集する必要があるだろう。この問題の詳細な議論を知りたい読者は Martin and Bateson（2007）を参照してほしい。

関係性データの表現

社会ネットワーク分析用の関係性データを表現し操作するためのもっとも普通の方法は、「アソシエーション行列（association matrix）」（表2.1）を構築することだ。行列の処理にはいくつもの規約があり、そのうちのいくつかを手短にまとめるため、少し脇道にそれよう。$m \times n$ 行列とは、m 行 n 列の表である。ネットワーク内に n 個体いれば、そのアソシエーション行列は $n \times n$ 行列となり、行と列とは別々の個体を表し、個体は行と列に沿って同じ順序で配置される。全体の行列は太字で **X** のように書かれることが多い。行列における個々の成分（または「要素」）は X_{ij} のように書かれる。最初の添え字は関心のある個体を表す行を、次の添え字は関心のある別の個体を表す列を意味する。したがって X_{ij} は、i 番目の個体と j 番目の個体の間のインタラクションやアソシエーションの値を表している（表2.1）。（ここではアソシエーションに由来する行列か、より直接的な行動的インタラクションに由来する行列かは区別しない。どちらも「アソシエーション行列」を生み出せる。）

アソシエーションまたはインタラクションのもっとも単純な形式は、方向性がなく（undirected）、二値的（binary）なものである。アソシエーション行列のそれぞれの成分が、二個体が互いにインタラクトしたと考えられる場合に1、考えられない場合に0となるとき、行列は二値的（または「重み付けなし（unweighted）」）であるという。個体Aと個体Bとがインタラクトしているということが、自動的にBがAとインタラクトしていることを意味する場合（表2.1を参照せよ）、インタラクションは方向性がない、という。ネットワークをたとえば集団切り出し法で構築するときには、これがいつでも当てはまる。左上から右下へ対角的に並ぶアソシエーション行列の要素は、すべての個体とそれ自身との間の直接の社会関係を表している。普通個体は自分自身とインタラクトしないから、一般にこれらはブランクのままにしておく。例外はある。たとえば毛づくろいイベントの頻度に関心があるとすれば、自己毛づくろい（self-grooming）の頻度（発生）に関心をもつかもしれず、それらは対角要素に表現されうる。個体間のインタラクションの他の特徴を考慮し、より複雑な形式のインタラクションを定義したいと思うかもしれない。そのため社会ネットワーク分

データ収集   31

表 2.1
五個体のアソシエーション行列。各個体は各列の上と行の横に1から5にラベル付けられている。行3列4における「1」とは、個体3と4の間に関係性のあることを示す

	個体				
	1	2	3	4	5
1		1	0	1	1
2	1		0	0	1
3	0	0		1	0
4	1	0	1		0
5	1	1	0	0	

（左側の縦軸ラベル：個体）

表 2.2
関係性データの測度レベル。Scott (2000) より引用

	方向性なし	方向性あり
二値的	1	3
重み付けあり	2	4

（上側ラベル：方向性、左側ラベル：数量）

析のためのデータを提示する方法を四つに、操作可能な変数を二つに分類した：(1) データが二値的か重み付けありか、(2) データが方向性ありか方向性なしか（表 2.2）。

重み付けのあるネットワーク関係

　重み付けのある（ただし方向性のない）個体間関係を考慮することで、ネットワークデータセットにおける情報の量を増やせる。そうしたデータセットにおいては、関係が生じたかどうかだけでなく、その頻度・強度・符号（sign）などに

表 2.3
三個体間で関係性に重み付けがあり方向性のないアソシエーション行列の例。データがアソシエーションにもとづくものだとすると、個体 1 と 2 が 10 回、個体 2 と 3 が 5 回、個体 1 と 3 が 1 回一緒にいたことを表している

		個体		
		1	2	3
個体	1		10	1
	2	10		5
	3	1	5	

も関心を向けられる。ネットワークにおける重み付けは、単純にある範囲の値をもつアソシエーション行列において非ゼロ成分でコード化して表現できる（表 2.3 を参照せよ）。たとえばクロフトらは、ある二個体のグッピーが 7 日間のサンプリング期間にわたって同一の群れで観察された回数を、その二個体間の社会的インタラクションの強度の指標として利用した（Croft, Krause, and James 2004a）。関係性に重み付けを含めれば、ネットワークをフィルターにかけてそのコア（core）や非ランダムな要素を表すことができる。だからデータセットのあるものは真の集団構造に対する詳細な洞察を与えてくれるかもしれない（ネットワークのフィルタリングの詳細については第 3 章、第 5 章を参照せよ）。

方向性のあるネットワーク関係

　アソシエーションまたは行動的インタラクションにもとづくネットワーク関係（辺）には、方向性があるかもしれない。これが意味することをみるために、毛づくろいネットワークを考えよう。個体 A が B を毛づくろいし、B が A を毛づくろいしていない場合、このインタラクションには（A から B という）方向性があり、毛づくろいネットワークにおいては、A から B に結合するが B から A には結合しない方向性のある辺が描かれる。もちろん B も A を毛づくろいすれば、そのネットワーク結合は相称的（symmetrical）となる（少なくとも辺の存在に関しての話しである。辺の重みも考慮するなら、たとえば A が B を、その

データ収集

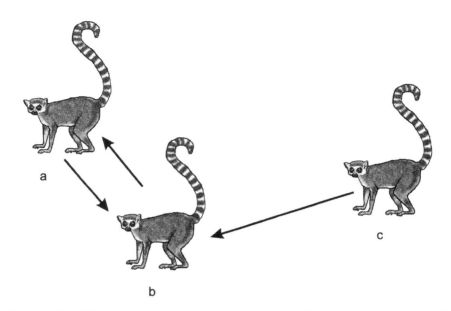

図2.2　最近接個体法を用いると社会的アソシエーションの定義がどのように方向性のある辺を導けるのかについての描画。個体 c の最近接個体は個体 b であるが、この個体とは交互的ではない。一方個体 b の最近接個体である a とは交互的である

逆よりも多く毛づくろいするといった場合には、相称性は不完全なものとなろう）。行動的インタラクションにおける方向性（directionality）は、いずれかによるインタラクションの開始や、攻撃的インタラクションにおける勝敗の結果によって生じうる。アソシエーションベースのデータもまた方向性のあるネットワークを導く。たとえば他個体との最近接個体であることにもとづいてアソシエーションが記録されれば、図2.2で見られるように、必ずしも相互的関係とはならない。

　方向性のない関係性データセットは「自己インタラクション」対角線によって二分割される部分が鏡像関係となる（表2.1や表2.3のような）アソシエーション行列を生む。一対ごとの関係に一つでも方向性があると、この対称性は破壊されてしまう。規約ではアソシエーション行列において、方向性のある関係の「アクター[i]」は行で、「レシーバー[i]」は列に配置される。たとえば表2.4の行列にお

---
[i] 訳註：行動を向ける側の個体、行動を向けられる側の個体

表 2.4
三個体間で方向性のあるアソシエーション行列の例

		レシーバー		
		1	2	3
アクター	1		1	0
	2	0		1
	3	1	0	

いて、アクター1はレシーバー2と、アクター2はレシーバー3と、アクター3はレシーバー1と方向性のあるインタラクションを行っている。

2.2 属性データ

関係性データはネットワークの基本的用件であり、動物の社会ネットワークを構築し分析するという作業の多くは、これらの関係性についてのものである。しかしネットワークを生物学的に有意味にするには、他のもの、個体の特性の観点でその構造を分析することが必須である（図1.4と図の解説文を参照せよ）。そうした特性に属性データと呼ばれる。属性データは個体の性・年齢・体サイズ・色などの遺伝子型・表現型変異を含み、選好的生息地利用や遊動域などの個体の生態学的形質を特徴づけたり、個体の行動傾向や現在の動機づけの状態を表わしたりするのにも使われる。属性データセットの単純な例が Box 2.1 に挙げられている。属性データの収集については、関係性データ収集ほど多くのことを言えないが、動物の社会ネットワーク構造の意味づけにおける属性データの役割には、何度も立ち返ることだろう。

Box 2.1　属性データを表現する

属性データは、ケースバイケースで指標化変数の表の中に表現することができる。表の各行で個体とその個体に帰属する指標化変数を表す。このデータ形式は標準的な統計パッケージに移行するのが簡単であり、統計分析や記述的な分析を実行できる。たとえば表2.5を見て、集団の平均体長はどれだけで、オスとメスとで違

いがあるかどうかと問うことができる。属性データと関係性データを共に用いて、社会ネットワークを構築し（第3章）、ネットワーク構造に寄与する要因についての洞察を得ることができる。

表2.5
個体の性・体サイズを示すグッピーの属性データを含む表の例

個体	性	体長（mm）
309	メス	34
203	メス	37
102	オス	23
223	オス	19
101	メス	29

2.3 動物の個体識別

　一点が一頭の動物を表すネットワークを構築するには、個体間のインタラクションやアソシエーションを観察するだけでは不十分である。繰り返し正確にその個体を識別することもまた必要なのである。基本的には動物を識別するには二つの方法がある。まず自然の目印（mark）を用いて識別することで、非侵襲的であることが利点である。もう一つは人工的なタグや標識を使う方法で、識別の正確性が高まり、データ収集の自動化も可能にしてくれるかもしれない。この節では個体識別のいくつかの方法と、さまざまな技術で遭遇する可能性のある問題をレビューしよう。

自然な目印

　多くの種では、個体は自然な目印を利用して識別が可能であり、参照用写真や絵を比較する（図2.3を参照せよ）。元々ついている形態的目印の利用に加え、多くの動物は怪我をして傷を負うので個体識別の役に立つが、そうした特徴は限られた期間しか役に立たないかもしれない。個体識別に自然な目印を使用することの重要な注意点は、二度目の観察でも再識別可能な正確性である（とくに観察期間がかなり開いてしまった場合には）。誤識別の度合いが高いと無意味なネッ

図 2.3 個体認識に利用できるであろう目印の自然なバリエーションの例（アミメキリン *Giraffa camelopardalis reticulata*；サバンナシマウマ *Equus quagga*；オニイトマキエイ *Manta birostris*；シャチ *Orcinus orca*）。

トワークを生み出してしまうのは明らかだが、それならまだよい方で、分析を進めた結果、研究しているシステムについて誤った推論を導いてしまうネットワークを生み出してしまうかもしれない。こうした誤りは集団内の個体識別に、コンピュータ支援による写真判別を用いることで減らせる（たとえば Beekmans et al. 2005）。自然な目印を使用することで直面するかもしれない問題は他にもあるが、それらについては Box 2.2 で少し議論する。

> **Box 2.2 アミメキリンの個体識別**
>
> 研究対象の各システムは、個体についた自然な目印を用いるとき考慮に入れなければならない独特の問題を抱えている。このことを、ショロックスとクロフトによるアミメキリン（*Giraffa camelopardalis reticulata*）の最近の研究を例に説明しよう（Shorrocks and Croft 2006）。彼らは首のマーキングを用いて個体識別をした。鬣（mane）まで達する黄色い線のそれぞれを、鬣となす角度によってカテゴリー分けする。以下のように線カテゴリーが三つある。すなわち直角（R）、鋭角（A）―90度未満、鈍角（O）―90度から180度（図2.4を参照せよ）の三つである。黄色の線を頭の方から見て、R、O、A が現れた順に用いて各個体をコード化する。

キリンの首の片面には複数の（典型的には10の）黄色い線があるため、三つのタイプで十分、ある地域集団のキリンの数より多くの首に沿った線タイプの組み合わせを生み出すことができる。そのため各個体に対して固有の認識パタンを与えることができる。首の片側10か所は$3^{10} = 59,049$通りの可能な配列を生む。もしこれで十分でなければ、もう一方の側の首も見ればよく、$3^{20} = 3,486,784,401$通りの異なる組み合わせとなる！（もちろんこの変異のすべてを用いることができるのは、首のマークが本当に個体によって違い、たとえば遺伝的ではないとわかっている場合である。）

こうした技術で間違いを犯す確率を評価しておくことは重要だ。この研究では、二タイプの間違いが生じた。二個体を同じ個体として認識してしまうタイプと、一個体をすでに観察したものと誤認してしまうタイプである。一番目の問題は分析的に解決できるが、二番目の問題は経験的・現実的にしか解決できないものだ（と私たちは思う）。

二個体を同一個体と認識してしまうという問題への対処法の一つは、R、A、Oが実測されたのと同じ頻度になるようにして首のコードの仮想集団をランダムにサンプルすることだ。ショロックスとクロフトが調べた100頭のキリンのサンプルには、線の三タイプのおおよその頻度は、Rが52.6%、Aが22.3%、Oが25.1%となり、ほとんどの首には少なくとも10本の線があった。（首の片側の）10本の線の1,000回のランダムサンプルがそうした集団から取られ、28回同じコードが出現した。（首の両側の）20本の線だと、もはや二度同じコードは出現しなかった。このことが意味するのは、首の片側だけを観察した場合、二頭のキリンが同じパタンをもつのは低い確率（100回のうち2.8回未満という）だが生じうるということである。首の両側を観察する場合にはこの確率はきわめて低くなる（$p<0.001$）。年齢（たとえばオトナとコドモ）や性（オスとメス）といった識別に利用可能な追加属性を各個体はもっているため、個体識別の誤りが生じる確率は実際にはこうした予想よりも低くなるだろう。

一個体をすでに見たものと誤認するという確率は、同一の首のパタンを観察者が繰り返しコードできる正確性に依存する。観察者はそれぞれ固有の確率で間違いを犯すものだが、その確率はランダムではなく、実際の調査を通じてのみ定量化できるものだ。この第二の問題への対処するために、ショロックスとクロフトは九個体のキリンの写真を撮った。フィールドの観察者は各評価間に15分の休憩をはさみながら首のパタンのコード化を五回行った。90%以上が正しく識別できていた。

マーキングおよびタグ付け

　個体間の形態的目印に十分な変異がない場合には、人工的にマーキングをする必要があるかもしれない（Lane-Petter 1978；Twigg 1978；Martin and Bateson 2007 を参照せよ）。人工的マーキングを使用する際には、そのマークが個体の行動に影響しないかどうかを考慮する必要がある。そのマーク自体がアソシエーションパタンに影響を与えてしまうのであれば、結果として得られるネットワークは自然なネットワークを代表していないかもしれない。Burley（1988）によるゼブラフィンチの調査から、この点を説明する古典的な例を引き出せる。フィンチに色つき足輪の標識を付けたが、これがアソシエーションパタンに影響を与

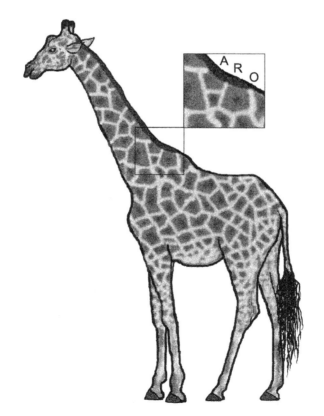

図 2.4　アミメキリンの首のパタンに現れた三つのタイプの線：直角線（R）、鋭角線（A）、鈍角線（O）

えた。メスのフィンチは足輪を付けていないオスより赤い足輪を付けたオスを好んだのである。対照的にオスは黒い足輪のメスを好んだ。オスもメスも緑または青の足輪を付けた反対の性のメンバーを避けた。

　この例が示しているのは、マーキング法自体がアソシエーションやインタラクションに与える影響について、その方法を適用して実験室やフィールドでの社会構造調査を始める前に査定しておくことの重要性である。もちろんすべてのマーキングの効果が小さいとは限らない。標識やタグは動物の運動性やストレスレベルに影響を与えて、そのために行動を変えてしまうかもしれないのだ。

2.4　サンプリングプロトコルのデザイン

　集団のサンプリング方法が発達してくると、その研究するシステムにとってそれが適切であるかが本質的に重要となる。サンプリングのプロトコルは集団サイズに依存し、また個体やインタラクション・アソシエーションの識別の容易さに依存する。多くの場合で当てはまることだが、観察の容易さは研究室で実施される研究（あるいは飼育下の動物）か、野外で実施される研究かによって大きく異なる。飼育下の動物集団とくに霊長類における社会ネットワーク構造に対する多くの研究がなされてきた（Sade and Dow 1994）。人間に馴れ、上限のある個体数が、個体間のインタラクションを集団内の全個体にわたって観察するのを比較的容易にするのである。

　集団が小さければ、集団のサンプリングを連続的に行い、社会的インタラクションに関する完全な情報を収集できるかもしれない。野外においてはネットワークを構築できるのは一連のサンプリングやセンサスを通じてのみ、ということがよくある。そうしたときには連続するサンプリングイベントの独立性を考慮する必要がある。たとえばアソシエーション指標を計算する際に用いられる時間枠（第3章を参照せよ）は、集団の見かけの構造に影響を与えるだろう（Cross et al. 2004）。一般則として、サンプリングイベント間の時間幅は、対象動物の他個体との交わりをもつ時間よりも長くなければならない。言い換えると、サンプルが独立であるとみなせるためには、連続するサンプル間で各個体がインタラクションしたりアソシエーションしたりする相手を変更できる機会がなくてはならない。このことが生じるのがどれだけの時間間隔なのかは明らかに種に依存する

し、グループ由来のアソシエーションの場合には、離合集散イベントがどのくらい頻繁かに依存する。たとえばグッピーの群れは夜間に分散（その結果として群れ構成が解消される）し、毎朝再集合する（Croft et al. 2003）。したがって連続複数日のグループメンバーシップのサンプルは独立していると仮定するのは合理的だ（Croft, Krause, and James 2004a）。しかしもし個体がグループ間を行き来する機会よりも短い時間間隔でサンプリングすれば、実際の個体のアソシエーションの選好性と独立であるという明らかに虚偽の傾向を見出してしまうだろう（Cross, Lloyd-Smith, and Getz 2005）。

　ネットワークに関する経験的な研究に関する重要な問いの一つは、サンプリング努力に関するものだ。どれだけ多くの時間をかけて集団のサンプリングをすれば、「真の」ネットワークの適切な図を得ることができるだろう。統計学的にはいつでも、より多くの数のサンプリングがよりよい。社会ネットワークデータ収集にとってよい手始めとなるのは、研究している集団サイズの推定値を得ることである。もし数を数えるのが容易な動物であるか、数が少ない場合には直接得られることもある。そうでなければ、多くの生態学の教科書で言及されるいくつもの標識再捕獲法（たとえば Krebs 1998）をお勧めする。集団サイズについての情報が得られれば、現実的にどれくらいの割合の個体を標識付ける（識別する）ことができ、そしてある一定期間以上観察することができるのかを決定できる。したがって集団全体に占める識別個体の割合は、集団のネットワークの信頼できる推定値に近づける可能性の高い、第一のよい指標となる。

　集団のサンプリングを始めた後、「増大する」ネットワークやデータセットの特性のいくつかが累積してゆくのを監視すれば、自分がどれくらいうまくやっているかを知ることができるだろう。たとえばグッピーの調査で、最初に標識付けて放された個体のうちの 80％近くが、たった 2 調査日ののちには一つのネットワークコンポーネントに連結するのが観察された（図 2.5）。またインタラクションが生じた期間と個体が再サンプリングされる回数を見て（図 2.5）、総サンプリング努力が使用可能で統計的に分析可能なネットワークを生み出すのに十分であるかどうかの判断材料としたのだ。

　一見すると、社会ネットワーク分析用に集団をサンプリングすることの問題は比較的簡単に見えるかもしれない。確かに生態系のサンプリングの一般則（Krebs

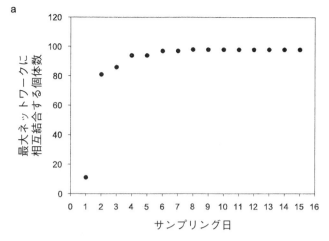
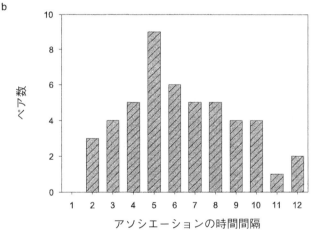
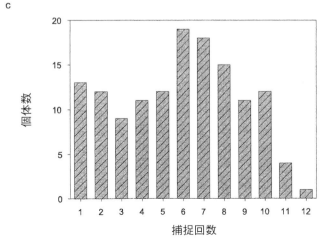

図 2.5
Croft et al. 2005 による1日1回、合計15日間再サンプリングされた、野生のグッピーの集団の再サンプリングプロファイルの測定値。(a) 社会的に相互結合した個体の数。(b) アソシエーションが観察され続けた時間の長さ。(c) 個体の再サンプリングされる頻度

1998）には従うべきだ。そしてもし代表的な個体のランダムサンプリング法を用いるなら、個体間の関係性から構築されるネットワークは全体として集団の代表であると期待したくなる。残念ながら事態はこれより少し複雑だ（Alba 1982）。私たちは自分のサンプルから関係性データを抽出するのであるが、とくに離合集散システムにおいては、サンプリングしたメンバー間の関係性の多くは単に彼らの関係性の全体のうちの部分集合にすぎず、そしてそれらは全体としての集団を通じた社会関係を代表していないかもしれない。それで問題が生じるのだ。この問題は同一集団を継時的に繰り返しサンプリングすることにより縮減できるだろうし、集団のサンプリングを繰り返せば繰り返すほど、その個体の関係性の社会ネットワークを代表する図を手に入れられる可能性が高くなるだろう。

ではサンプリングしたデータから関係性データを引き出す際、どれほどの情報を失うのだろうか。残念ながらこの問題に対して正式な答えを出すのは難しいが、社会科学の文献からヒントを得ることはできる。たとえば Burt（1983a）は人間の社会ネットワークにとって情報喪失の量は、s を集団全体に対する割合として表されたサンプルサイズとすると、およそ $100-s$ であると推定した。したがってもし集団の 10% だけをサンプリングするなら、関係性データの情報の 90% は失われることになる。しかしそうした計算はサンプリングされる個体に対する完全なデータが得られるものと仮定している。このことは人間では（たとえばアンケート用紙を用いた調査で）正しいかもしれないが、他の動物ではこの仮定は問題が大きい。私たちがアクセス可能なのはある与えられた時点でアソシエーションしている動物のみであり、人間にならアンケート可能なその過去と将来のインタラクションについて動物個体に尋ねるわけにもいかないのだから。それゆえ究極的には個体間の関係性に関して、データをさらに削減したごく部分的なデータのみを手に入れられるにすぎない。しかし集団を繰り返しサンプリングすることはこの問題を乗り越えるのに役立つということには、もう一度言及しておこう。

ほとんどの社会ネットワークデータが不完全だとするなら、ネットワークの実測値にどんな影響があるだろう。社会科学の分野でもこのトピックに対して注意が向けられてきた（Holland and Leinhard 1973；Laumann, Marsden, and Prensky 1983；Bernard et al. 1984；Kossinets 2006）。たとえば Costenbader and Valente（2003）や Borgatti, Carley, and Krackhardt（2006）は、自然構造の重要な指標に与えるサンプリングの影響に注目した（Lee, Kim, and Jeong 2006；Yoon et al. 2007；Stumpf, Wuif, and May 2005 も参照せよ）。いわゆる「境界明示化問題（boundary specification problem）」に焦点を当てた者もいる（Laumann, Marsden, and Prensky 1983）。これはたとえば彼らのインタラクションが自分のデータによって十分に表されているとは信用できないために、どの個体がネットワークに含まれてどの個体は除外されるのかを決定する作業を指す。もし飼育下霊長類の小集団といった閉鎖系でネットワーク調査を実施すれば（Sade and Dow 1994）、集団が孤立しておりすべての個体とインタラクションが等しく観察可能だと思われるため、境界効果は問題にならないだろう。野生集団に対する調査では、低頻度でしかサンプリングできないネットワークの周辺に位置する個体も存在するだろう。生物学者として、ネットワークにフィルタリングして、アソシエーションの強度指標や観察頻度にもとづいて境界を定義した社会構造のコアを明らかにするメリットを目にすることも多いだろう（第3章と第5章のネットワークのフィルタリングについての節を参照せよ）。しかし個体や辺を除外することが動物の社会ネットワークの実測値に与えうる影響については、ほとんど研究がなされていない（Wey et al. 2007 を参照せよ。また少し異なる文脈ではあるが、Lusseau, Whitehead, and Gero 2008 も参照せよ）。

　目的が単に集団の社会構造についての全体的な印象を得るためならば、定義なしのあるいはあまり定義されていない境界で十分かもしれない。サンプルが十分に大きければ、個体ベースの指標の平均値は使用可能な量となると期待できる。しかしある個体の厳密な社会的隣接の量的分析を望むなら、より注意深くなければならない。「雪だるま式標本法（snowballing）」として社会科学において知られるサンプリング法の採用は、探究する価値のある方針である（Goodman 1961）。

雪だるま式標本法を用いた集団のサンプリング
　雪だるま式標本法では、まず集団から抽出された一部の個体を描画する。これらの個体が「一次ゾーン」を構成する（Wasserman and Faust 1994）。この方法のねらいは、この一次ゾーンの個体の社会的結合を正確にサンプリングすること

である。この目的のために一次ゾーンのメンバーのすべての接触に関する情報を収集し、集団を再サンプリングするのである（Frank 1978；Frank 1979）。一次ゾーンと直接結合してはいるが、そこに含まれているわけではない全個体は「二次ゾーン」と定義される。一次ゾーンの個体と直接結合していない新たに観察された個体は三次ゾーンに属すると定義される。サンプリングは、直接・間接の一次ゾーン内の個体間関係について十分な情報が得られてそのゾーン内の個体間の社会構造について自信がもてるようになるまで続ける。そのあとは集団に対するサンプリングをいつまで、何次ゾーンまで続けるかを決めなくてはならない。上に引用された参考文献はその際の手引きになる。もちろん、もしこの方法を使って集団特性についてものをいうのであれば、サンプリングされたネットワークの部分が、ネットワークの他のすべての部分の代表とみなせると仮定できねばならない。

　この議論は、社会ネットワークを作るために集団をサンプリングすることに対

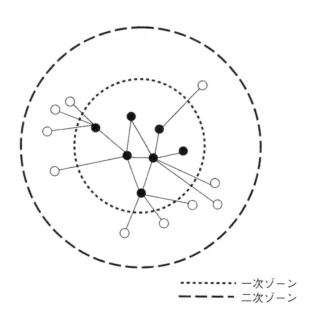

図2.6　二つのサンプリングゾーンを示した雪だるま式標本法の描画。一次ゾーンは集団内で最初にサンプリングされた7個体（黒い点）を含む。二次ゾーンは一次ゾーンの個体と直接ネットワーク上の接触をもつ個体を含む。二つの円は、それぞれのゾーンの境界を示す

する答えになるかもしれないが、これらの問題は今後量的に調査することが必要だ。たとえば、いまや大変安価になったコンピュータの計算能力をもってすれば、動物の大規模な「仮想集団」に現実的なインタラクションのパタンをもたせてシミュレートすることが可能だし、そうした仮想集団にさまざまなサンプリングプロトコルを適用することも可能だ。これは完全な情報にもとづく集団ネットワークと、サンプルのネットワークを比較することを可能にするし、次のような鍵となる問いに対する量的情報を提供する。その問いとは、集団のサンプリングをどれだけ続ければよいか、集団のどれだけの割合をサンプリングすればよいのか、部分ネットワークの情報を集団全体に拡大することはどのようにして可能か、などである。こうしたアプローチの出現が期待されている。

2.5　ネットワークデータの管理と処理

　社会ネットワーク分析は、大きなデータセットの扱いを含む場合が多く、データがアソシエーション行列に簡単に変換できるよう適切な方法で組織化されていることが必須である。生の「フィールド」データを行列に変形するのは、手作業でやれば時間のかかる作業である。うれしいことに、この変形をしてくれるいくつかのプログラムが利用可能だ。本書の目的のため、ネットワークデータを処理し管理するのにとくに使いやすかった二つのプログラムにだけ焦点を当てよう。SOCPROG と UCINET である（Box 1.1 を参照せよ）。これらのプログラムを、管理しているネットワークの一般的な特徴を描き出すのに利用しよう。他のパッケージで作業する場合の原理も非常に似ているが、細かい点は少しずつ違うかもしれない。

　私たち自身の研究では、グループ構成についての情報をアソシエーション行列に変換して社会ネットワークパッケージにインポートできるようにするには、SOCPROG が大変利用しやすかった。SOCPROG は非常に適応性の高いパッケージで、データは「線形モード（linear mode）」か「グループモード（group mode）」のいずれかの形式で入力できる（例として表 2.6 を参照せよ）。SOCPROG には、非常に包括的でユーザーフレンドリーなヘルプマニュアルが付属しているので、データファイルからアソシエーション行列を構築する詳細については、これを参照してほしい。

表 2.6
線形モード（a）、グループモード（b）のデータ入力ファイルの例。データセットはSOCPROGで提供される例のうちのサブセットである。それぞれの表の1列目は観察日と時刻を表す。線形モード表（a）において、ある個体が観察されたグループは「グループ」とラベルされた列に、個体名は「ID」とラベルされた列にコード化されている。たとえば個体 A1 と I9 はいずれもグループ 1 で 89 年 9 月 12 日 9 時に一緒に観察された。逆にグループモード表（b）において、同一集団内の個体はすべてグループ列の同一セルに配置されている。たとえば、89 年 9 月 12 日 9 時 49 分には、個体 8、C11、A13、20 がすべて同一グループで観察されていた、ということである

(a)観察日	グループ	*ID*	(b)観察日	グループ
12/9/89 9:00	1	A1	12/9/89 9:49	8 C11 A13 20
12/9/89 9:00	1	I9	12/9/89 14:54	A1 9 A14 A15
12/9/89 9:00	1	N14	12/9/89 15:41	4 7 A12 A17 A19
12/9/89 9:00	1	O15	12/10/89 9:11	4 7 A12 A17 A19 20
12/9/89 12:00	2	H8	12/10/89 9:41	2 A10 A18
12/9/89 12:00	2	K11	12/10/89 10:09	D3 5 6 A16
12/9/89 12:00	2	M13	12/11/89 10:35	2 A10 A18
12/9/89 12:00	2	T20	12/11/89 11:03	4 7 A12 A17 A19 20
12/9/89 15:00	3	D4	12/11/89 14:32	5 6 A16
12/9/89 15:00	3	G7	12/11/89 17:40	A1 9 A14 A15 8
12/9/89 15:00	3	L12		
12/9/89 15:00	3	Q17		
12/9/89 15:00	3	S19		

　あるいは、UCINET といったネットワーク分析パッケージにデータを直接インポートすることもできる。これによりデータをいくつかのフォーマットで読み込むことができる。以下、そのうちいくつかを見てみよう。プログラムに取り込まれると、データは二つの関連し合った UCINET ファイルを経由して蓄積され、操作される。一つ目のファイルはヘッダ情報（header information）とネットワーク内の個体情報を含んでおり、（ファイル名.##h.）として保存される。二つ目のファイルは、関係性データを含み、（ファイル名.##d.）として保存される。

　それではデータセットを UCINET に取り込むにはどうしたらよいだろう？自分のデータを、spreadsheet editor を用いて UCINET に手入力するのは面倒だが可能だ。UCINET で、*data > spreadsheet editor* と進む。spreadsheet editor は保存済みファイルを操作するのにも利用できる。

　いわゆる接続行列（incidence matrices）を含めて、いくつもの他のフォーマットのデータを UCINET にインポートすることができる。関係性データを記

データ収集

表 2.7
A から H でラベル付けられた 8 個体からなる集団用に構成された DL ファイルの例

---

dl n 8 format = fullmatrix
labels: A,B,C,D,E,F,G,H
data:

0	16	18	3	19	6	8	7
16	0	16	3	19	8	8	10
18	16	0	2	29	7	9	7
3	3	2	0	3	8	1	2
19	19	29	3	0	6	8	8
6	8	7	8	6	0	6	3
8	8	9	1	8	6	0	5
7	10	7	2	8	3	5	0

録する方法を決める前に、これらを探究しておくとよい。UCINET にデータをインポートするおそらくもっとも融通の利く方法は、「DL」ファイルフォーマットを利用することである。「DL」とは「データ言語（data language）」を表す。情報を最小データ入力量で UCINET にインポートできるようにコード化するのが、この言語である。使いやすいことに、DL ファイルにデータをコードすることができるフォーマットは数多く存在し、分析の前にデータを再入力せねばならないなどの可能性を少なくしてくれる。DL コードについての詳細は、UCINET に付いているすばらしいリファレンスガイドをお勧めする。しかしまずは単純な例を説明してみよう。

表 2.7 は、DL ファイルのいくつかの重要な特徴を描いている。ファイルは、「dl」で始まり、それが UCINET に識別されるようになっている。「n」はサンプルにおける個体数であり、「format」はデータが入力された形式を特定し、「format＝fullmatrix」は、入力されるすべての要素についてデータがアソシエーション行列の形式になっていることを示している。データを DL ファイルにコード化するのには、多くの異なるフォーマットを用いることができるため、自分のデータの形式に応じて、どれを利用するかを選択すればよい。するとデータはファイルの続きのラインに表示され、そのフォーマットでの行ごとにアソシエー

ション行列の一つの行を表わす。対角線上の値が「0」でコードされているのに注意しよう。もし UCINET を用いてネットワークデータを探究するなら、少しは時間を割いて DL ファイルに馴れた方がよいだろう。すると最小の努力量でデータを UCINET に入力できるようになる。

　属性データの入力はより簡単だ。UCINET で、他の「vna」ファイルを通じて可能である。vna ファイルは、単純なテキストファイルで、動物やその属性のリストを、続きの列に生み出す簡単なフォーマットである。以降の章では、関係性データファイルも属性データファイルも用いる。

Visual Exploration

第3章
視覚的探索

　データの収集を楽しみ（苦労し）、社会ネットワークの編集に利用したら、次はネットワークが研究しているシステムについて何を教えてくれるか考えてみよう。私たち人間は視覚パタン探知がとても得意であり、すべてのデータ分析の手始めとして賢明なのは、手にしているものの可視化である。より一般的なデータのヒストグラムや散布図を描くのと同様、第1章ですでに見たように、指標化した社会的アソシエーションやインタラクションは、それぞれの個体を点、一対ごとの関係を二点間の辺・線で表すグラフの形式で表現できる。第2章で紹介したデータ行列が、グラフとまったく同じ（ときにはそれ以上の）情報を含んでいるという点は強調すべきだろう。したがってデータを「ネットワーク」、「グラフ」のいずれかで描くかは、事実上問題ではない（数学者のなかには、「ネットワーク」という語の使用をひどく嫌っている者もいるようだが、理由ははっきりしない）。後の章で見るように、ネットワークの量的分析の多くは、社会的結合の行列表現を利用することで簡単に計算できる。しかしまずグラフ表現からいかに多くのことを学べるかを見る必要がある。本章で取り上げる問題の多くは、これ以降の中心的な部分である。ここで取り上げるネットワークの素朴な質的描写を、データについての量的な問いを立て、それらの問いが正確にはどのようなものであるべきかを決めることに役立ててほしい。第4章でより量的な問題に立ち返ろう。

　本章では、社会ネットワークを可視化する標準的な方法をいくつか紹介し、動物の集団の社会構造に関する情報を明らかにする手始めとして、グラフの操作がいかに簡単に利用できるかを説明しよう。標準的なステップがいくつかある。最初のステップ（3.1節）は単にネットワークを描くことである。これから見るように、描き方には他のものより見た目がよい（そして脳にとってはより便利な）ものもあるのだが。「ばね埋め込み法」のような非常に賢明なアルゴリズムを用いると、個体間のインタラクションの近接性（closeness）にもとづいてネットワークのレイアウトを編集してくれ、興味深い構造的特徴を明らかにできる。

ネットワークの辺は、社会的インタラクションの方向性を矢印で表すことができ、太さでその重みを表せる（これらの用語の説明については第2章を参照せよ）。可能なら、点の（動物の）属性データを可視化したネットワークに取り込み、属性が観察されたネットワーク構造に影響するかどうかを調べよう。

　本章で扱う残りのほぼすべてを達成できるもっとも単純な方法は、多くの利用可能なコンピュータパッケージのうちの一つだけを利用することである。可視化プログラムは、ネットワークがどのように見えるとよいかという先入観または誤解による人間的影響を抑制するという利点をもつ。さらに数個体以上を含むネットワークの可視化は手作業では何時間、何日もかかるのに、コンピュータ描画パッケージを使えば瞬時に可視化できる。さらによいことに多くの描画パッケージは、これから見るように、いくつかの単純な分析・操作ツールを装備している。どのプログラムを選ぶかはおおむね個人の趣向によるだろう（ネットワーク分析と可視化ソフトについてのレビューは、Huisman and van Duijn 2005 を参照せよ）。比較的単純な二次元モノクロ画像しか描けないものもあれば、もっと洗練されたものもある。ネットワークの可視化の原理を説明するため、NETDRAW というプログラム一つだけに話しをしぼろう。NETDRAW は独立したプログラム単体としても利用できるし、UCINET のネットワーク分析パッケージの一部分としても利用できる（Box 1.1 を参照せよ）。

　ネットワークを描きながら、そのコアとなる構造的特徴をいくつか観察できる。すべての個体が直接または間接的に集団内の他個体と結合する単一の「コンポーネント（component）」で構成されるネットワークかどうかは、最初に気づくことだろう（3.2節）。ネットワーク上の異なる部分と結合するキープレイヤーを特定したり、選択した個体のネットワークの近傍を構築し比較したりすることで、社会ネットワーク内での個体の相対的位置に注意を向けようとするかもしれない（3.3節）。

　NETDRAW（や類似するパッケージ）が便利なのは、一定回数生じたインタラクションだけを含むようにデータにフィルタリングをかけることに対する、手持ちのネットワークの頑健さを調べる簡単な方法を与えてくれる点だ（3.4節）。こうしたケースを学ぶために本章用に一例を慎重に選んだ。フィルタリングをかけることで、あまりに多くの結論を引き出してしまう不十分なデータが明らかに

視覚的探索　　　　　　　　　　　　　　　　　　　　　　　　　　　*51*

なるケースがある。問うべき興味深い生物学的問題が明らかになるケースもある。また辺にフィルタリングをかけるには、アソシエーションの単純な数え上げよりも、「アソシエーション指標（association index）」を使用する方がよいことについて議論しよう。最後に社会的インタラクションの真の描像を得るため、不十分な頻度でしかデータ収集できなかった個体をネットワークから除外することを考えたい。データ収集の際に少し慎重になるだけで、可視化パッケージを利用してその除外がネットワークのどこで生じるはずなのかを確かめることができる。

　私たちの経験上、点と辺のネットワークとしてデータを視覚的に探究することは、自分の期待するパタンを明らかにしてくれる可能性が高いし、期待していなかったことをも明らかにしてくれるかもしれない。苦労して研究した動物たちの絡み合った関係性を、コンピュータスクリーン上で浮かび上がらせ、目で見ることは、刺激的で得ることの多い経験だ。少しネットワークをいじっただけで、観察された社会構造を説明する仮説を立てられるかもしれない。それぞれの手法はデータの異なるパタンを明らかにしてくれるため、利用可能な他の手法も使ってみることを強く勧める。もちろん実在しないパタンを見てしまう危険もある。それゆえ視覚的分析のみに頼らず、観察されたネットワーク構造の有意性を検定するためにネットワークの量的分析を行うことが必要である。この問題には、本書の残りの章で立ち返るだろう。

3.1　NETDRAW での社会ネットワークの描画

　では始めてみよう。NETDRAW のような可視化プログラムにネットワークを選んでロードする（Box 3.1 を参照せよ）。研究システム内にほとんど動物がいないという場合を除いて、目にするネットワークは、点（NETDRAW では赤い丸）、辺（点の間を矢印でつなぐ黒い線）そしてテキストラベルのすべてが互いに同じようになっているので少々見づらいかもしれない。絶望しないこと！　数百やそれ以上の動物がいるのでないかぎり、わかりやすくするのは簡単だ。点ラベルと（方向性のないネットワークには不必要な）矢印は、NETDRAW スクリーンの上部にあるボタンのオン・オフで付けたり消したりできる。「Properties」メニューに並ぶ機能を使えば、丸はすべて小さくも大きくもできるし、線も細くも太くもできる。しかしもっとも役に立つのは、スクリーン上で

a
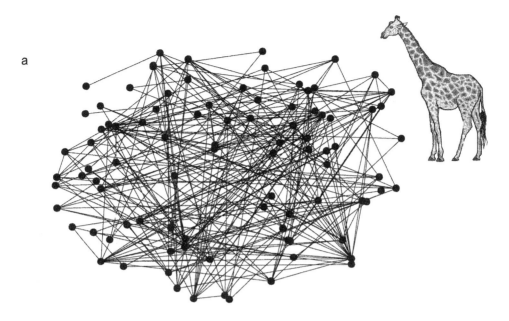

b

図 3.1 NETDRAW の (a) ランダム法、(b) ばね埋め込み法のレイアウトオプションを用いて描いたケニアのアミメキリンの集団の社会ネットワーク

点のレイアウトを操作できることで、そうすることで重要な構造的特徴が見えてくるのである。

　レイアウト操作は手作業でできるものもある。NETDRAW では、マウスの左クリックで点を掴み、その点に入る辺と点から出る辺のすべてを伴ったままで、スクリーン上のどこにでも移動できる。もちろんネットワーク構造を明らかにできるように点をいろいろと動かせる自動的手段があれば、ずっと便利だろう。そのいくつかは、NETDRAW の「Layout」メニューに並んでいる。圧倒的に有用だと私たちが考えるレイアウト方式は、「ばね埋め込み法」である。園芸の本に出てきそうな響きの言葉だが、ばね埋め込み法は実際すぐれたやり方で私たちに必要なことを達成してくれる。つまり密に結合する点を互いにまとまらせ、結合のほとんどない点を周辺に配置するようにネットワークをレイアウトしてくれる。ばね埋め込み法は、ネットワークを質点（masses）（点）がばね（辺）で結ばれているものとみなし、平衡状態に達するまでばねに質点を引っ張らせることで、レイアウトを実現している。よく結合する（well-connected）個体のグループは、結果の描像ではまとまっている傾向がある（図 3.1 を参照せよ）。初期配置が異なれば、ばね埋め込みネットワーク描像は異なるものとなる。可視化にバイアスがないことを確かめる一つの方法は、グラフをランダムな位置に戻すことである。最適位置を探るには「質点」と「ばね」が自分の位置を決められるようばね埋め込みアルゴリズムに十分な時間を与えることだ。本章での描画の最初の例として、ばね埋め込み法を用いて、図 3.1 で示されているネットワークを可視化した。キリン（*G. camelopardalis reticulata*）の集団の社会ネットワークであり、二つの異なるレイアウト法で描かれている。(a) ランダム法、(b) ばね埋め込み法の二つである。後者の方が前者よりもはっきりと構造を表しており、さらなる研究にとって魅力的である。本書のほとんどすべてのネットワークは、描像をきれいにするために手作業によるいくつかの点を一時的に動かすことを含め、レイアウト方式としてばね埋め込み法を用いて描かれている。

> **Box 3.1　NETDRAW を始めてみよう**
> 　NETDRAW は独立したパッケージとしても用いることができるが、より便利なことに UCINET のオプションとしても用いることができる。NETDRAW のメ

ニューでは、複数のフォーマットのファイルをとても簡単に読み込むことができるようになっている。たとえばアソシエーション行列が準備できていて、それをUCINETのファイル形式 net.##h で保存していれば、NETDRAW でこのファイルを開けばそれをスクリーン上に描いてくれる。アソシエーション行列や DL ファイルとしてデータを NETDRAW にインポートする別の方法もある（詳細な情報については UCINET に付属するヘルプファイルや第 2 章を参照せよ）。点や辺のレイアウトは *layout* メニュー内のオプションを使ってコントロールできる。ネットワークのレイアウトをランダムにして始めるのが賢明だ。ばね埋め込み機能（これも *layout* メニュー内にある）を用いて、より有用で分かりやすい描画を生むことができる。ばね埋め込みアルゴリズムで実行される繰り返しの計算数は、コントロールボックスで調整できる。デフォルトの値は 100 回になっている。

重み付けのある辺と方向性のある辺

ネットワークの辺が、重み付けありか、方向性ありか、その両方のいずれかである場合（第 2 章を参照せよ）、そのことが可視化に反映される。例を挙げてこのアプローチについて説明しよう。アカゲザル（*Macaca mulatta*）の調査で、Sade（1972）は「誰が誰に」毛づくろいしたかというパタンを記録した。このデータによるネットワークは図 3.2 に示されている。辺は方向性あり（ただしすべての毛づくろいイベントが相互的なのではない）、重み付けあり（複数の毛づくろいイベントが記録された場合、その回数）である。インタラクションの方向性は、自動的に矢印で表現される（NETDRAW でオン・オフ可能である）。したがって図 3.2a において、個体 12 が個体 1 を毛づくろいしたが、1 は 12 をしなかったことがすぐに見て取れる。しかし（少なくともこの描像からは）ペア間でどれだけの毛づくろいが観察されたのかを知ることはできない。辺の強度（strength）を表すのに線の太さを利用すれば、これがわかる。NETDRAW の機能 *properties > lines > size > tie strength* と進めば実現でき、結果は図 3.2b のように示される（太い線は「紐帯の強度」がより高く、この例では毛づくろいイベントが生じた回数を意味する）。線の太さの解釈は方向性のないネットワークのときには簡単だが、変数が一つだけでは複数の双方向性インタラクションについてすべての情報を伝えることはできないことに注意しよう。たとえば A から

視覚的探索

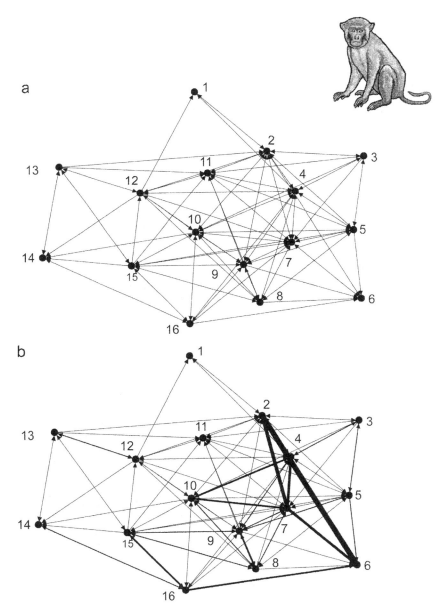

図 3.2 Sade（1972）によるアカゲザル集団の毛づくろいネットワーク。(a) では個体間をつなぐ矢印によってインタラクションの方向性を示している。(b) ではインタラクションの重み付けは個体間をつなぐ線の太さで表し、より太い線はより強い（この場合より頻繁な）インタラクションであることを表す。解釈を簡単にするために、個体はオリジナルのものとは変えて提示してある

Bに8回、BからAに2回生じたインタラクションを、双方向に5回生じたインタラクションと区別するのは容易ではないのである。

　図3.2bの視覚的な第一印象としては、すべての個体が等しく毛づくろい行動に取り組むわけではないということである。実際、毛づくろいをし、される傾向の強い鍵個体は少ない（たとえば個体2や7がそうだ）。さらに（2と6のように）強く結合している個体同士でも、ばね埋め込みアルゴリズムによると近接して配置されないものもあることがわかる。つまり点のレイアウトにあまり多くを読み込んではいけないということを覚えておかねばならない。

　この短い節の最後に、図3.2の毛づくろいネットワークが16個体しか含まないかなり小さいものであることを強調しよう。これは本掲載用のグラフとしてプロットするのには都合のよいサイズだが、それではおそらくネットワークアプローチの潜在的な可視化・分析力を公正に扱えない。可視化によって気づくことのできる特徴は、すでにそれが記録された際のデータを見れば明らか、というのがほとんどである。ネットワーク分析の真の力は、点の数が多すぎてどんなパタンがそこにあるのか、そのパタンが少数の個体だけを含むのか、集団が一つの大きな部分を含むのか、といったことがデータセットから直ちにはわからない場合にこそ傑出するのである。次節ではこうしたパタンの探索を助けてくれる手段について考えよう。

属性を伴う点

　動物の社会ネットワークから量的情報を抽出するための真に重要な鍵の一つは、（表現型のような）個体の属性とネットワークにおける彼らの位置や環境を関連づけ、社会的インタラクションの構築における個体の表現型の役割を明らかにすることである。したがって最初にするとよいのは、ネットワークのグラフ描画に個体の属性を埋め込むことである。性や体サイズといった物理的特徴がもっとも考慮すべき属性であることは自明である。動物が大胆・内気といった一貫した行動上の特徴を示すようであれば、個体の行動的属性を計測し記録することはより意義深い（Sih et al. 2004）。たとえば個々のアカゲザルの性・年齢・順位といった情報が加えられれば、図3.2のネットワークで表現される集団内の毛づくろいインタラクションに関する検証可能な仮説を導くことができるだろう。もち

ろん複数の属性を利用する際には、相互依存性の可能性には注意しなくてはならない。集団内でメスでも大型の個体になりうる場合、体サイズか性のいずれがネットワーク構造を駆動するのに重要なのかを判定するのは難しいだろう。これは後に問題となるが、今は単に点の属性をデータの視覚的探究に利用することだけ考えよう。

NETDRAW プログラムを使えば、色・形・サイズで点を区別することができる（Box 3.2 を参照せよ）。性（オスとメス）や種といった属性は、各個体に一つだけを割り当てられるカテゴリカルな属性である。形や色はこうした割り当てに適している。点サイズもカテゴリーを区別するのに使えるが、属性が連続尺度で測られる場合に便利である。それが明らかな例としては、体長・年齢・体重などがある。複数の連続変数を描画の中に表わさなければならない場合、それらを離散的属性に変換することを考えよう。たとえば個体のサイズは、小・中・大のクラスに置き換えることができ、三つの色か形でそれぞれのクラスにまとめられた点を表現するのに利用できる。

Box 3.2　NETDRAW に属性データを組み込む

第 2 章のおわりに言及したように、点属性は「vna ファイル」を用いてNETDRAW に簡単に読み込ませることができる。ファイルはとても簡単なフォーマットになっている。一行目は、NETDRAW にこれが vna ファイルであることを伝えている。二行目がその後の行の記載情報のラベル付けをしている。ファイルの残りの部分は、行ごとに一つの点を表し、後に続くその点に関連する属性の値で識別されている。もし A から E とラベル付けられた五個体の動物を対象としていて、性・年齢を点属性として含めたいのであれば、vna ファイルは以下のような単純なものとなる。

```
*属性データ
ID  性  年齢
C   1   1
A   1   6
B   1   5
E   2   7
D   1   7
```

属性を含む行がどの順番でも構わないことに注意しよう。vna ファイルをインポートするには、*file > open > vna text file > attributes* と進む。NETDRAW 上で

は「Node Attribute Editor」でファイルを見ることができ、見たら閉じられる。こうして属性データは可視化プロセスの一部として用いることができるようになる。

　カテゴリカルな属性を表現するもっともすぐれた方法は、異なるカテゴリーの点には別の色や形を用いることだと私たちは思う。これは NETDRAW では、*properties* > *nodes* > *color*（または *shape*）> *attribute based* と選択すればできる。属性データが連続値であれば、属性の値に応じて点のサイズを操作するとより有用だ。これは NETDRAW では、*properties* > *nodes* > *size* > *attribute based* と選択すれば簡単にできる。このプログラムを使えば点サイズの変域が属性の範囲を表すようにできるのである。

　図 3.3 は、クロフトらがサンプリングしたトリニダードグッピー（*P. reticulata*）の野生集団の社会ネットワークを表している（Croft et al. 2006）。この種の社会組織で意味をもつ二つの表現型とは、少なくとも魚群レベルにおいては性と体長であり、大きいグッピーのほとんどがメスであるという意味で二つの変数は共変量である（Magurran 2005）。したがって個体の性と体長をグッピーのネットワークの可視化の際に表現するのが自然だ。図 3.3 では、点の濃淡で性を区別し、点のサイズで体長を区別している。可視化された図をさらによく見ると、潜在的に興味深いネットワークの特徴がいくつも見つかる。ネットワークの上部をよく見ると、大きくて白い丸（サイズの大きなメス）がクラスターを作っており、これはメスグッピーがネットワークの「コア」を形成していることを示唆するのだ。本章の後半でこの点に立ち返ろう。

3.2　ネットワークコンポーネント

　さてネットワークを最大限活用するようになった今、さらに少し分析してみよう。まずは NETDRAW などの可視化プログラム内で実行できる便利な予備分析に戻ってみよう。システムの社会ネットワークを初めて描いて気づくことは、ネットワークが一つのコンポーネントしか含まないのか、そうでないのかである。ネットワークコンポーネントとは、相互結合している点（動物個体）の集合であり、結合を一つももたない個体はネットワークの残りとして配置される。たった一つのコンポーネントしかもたないネットワークもあるし、もっと多くを

視覚的探索　　　　　　　　　　　　　　　　　　　　　　　　　　　　　59

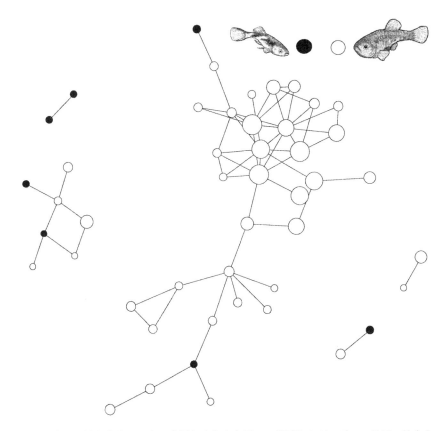

図 3.3　動物の属性を表すのに点の白黒と大きさを用いて描画したグッピーの集団の社会ネットワーク。このネットワークではグッピーのメスを表す点は白丸○、オスは黒丸●である。各点の大きさは魚の体長を表している。ここでは、点の大きさのスケールは大きい魚と小さい魚との違いを恣意的に強調してある

含むものもある。個体間にほとんど結合がないならば多くのコンポーネントをもつと期待されるし、反対に長期にわたって自由に混ざり合うことのできる閉じた集団は、一つのコンポーネントにまとまると期待される。どちらの場合にせよ、額面どおりに自分のデータを信用できるなら、コンポーネントの数やサイズは興味深いだろう。下部ネットワークコンポーネントの数は、集団が社会的にどのように分節化しているか示す第一の指標となる。もし個体（またはコンポーネント）が中心的で大きなコンポーネントから孤立しているなら、まず問うべきなの

は、測定した属性の観点からこうしたネットワーク落伍者（straggler）を特定できるかどうかである（前節を参照せよ）。

多くの場合では、点の数が多すぎるということはなく、ばね埋め込み法がグラフをうまくレイアウトしてくれる。そうした場合には描画上でコンポーネントを見極めるのは容易である。いつもそうとは限らないが、NETDRAW の大変便利な特徴は *analysis > components* 機能であり、これを使うと色（や形）を用いてコンポーネントを素早く簡単に特定できる。図 3.1 のキリンのネットワークを描くのにこれを利用した。その結果は図 3.4 に示されている。ネットワークは五つの異なるコンポーネントから成っているようだ。それぞれのコンポーネントは形の異なる点で表されている。（この図には示していないが、実際には他に 10 のコンポーネントがあった。「孤立者（isolates）」つまりネットワーク内に誰とも結

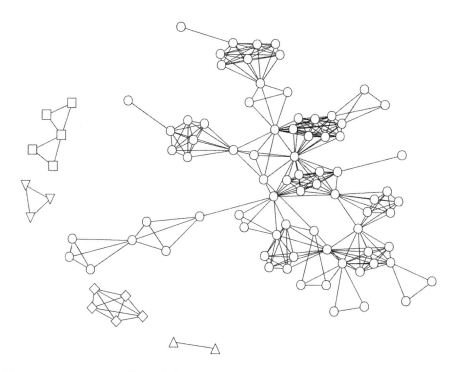

図 3.4 ケニアのキリンの集団の社会ネットワーク。同じネットワークコンポーネントの動物は、同一の記号で表されている。これは図 3.1 と同じネットワークであり、ばね埋め込み法を用いて配置されている。しかし、レイアウトを恣意的に行ったため、注意しないと同じネットワークには見えないだろう

合しない個体もいた。それらのコンポーネントサイズは1である。図3.1や3.4ではグラフの見栄えが悪くなるのを避けるためそれらは描かれていない。しかし、たとえばネットワークの平均近接個体数の集団分析をするうえでは、それらを無視すべきではない。)

3.3 個体に焦点を当てる

（人間の）社会ネットワーク分析においてもっとも威力があるのは、集団内のキープレイヤーを特定して、ネットワークにおけるそうした個人の役割に焦点を当てることである（たとえば Wasserman and Faust 1994 や Scott 2000 を参照せよ）。ネットワークにおける個体の「中心性（centrality）」や「威信（prestige）」を数量化するための指標が数多く開発されており、そのうちいくつかについては後の章で見るだろう。このアプローチはヒト以外の霊長類の比較的小さいネットワークの研究にも利用されてきたが（Sade et al. 1988；Sade 1989）、他種の動物の社会システムに対してネットワーク理論を応用した最近の研究はほとんどない。それにはおそらく十分な理由があるのだ。個体識別を間違うと（第2章を参照せよ）、当然ネットワークには間違いが生じてしまう。異なる二個体であるのに幾度か同一個体と見間違われることで生じるのが原因である。こうした間違いの影響は、ネットワークの辺にフィルタリングしてペア間の強いインタラクションだけを残すことで減らすことができる（本章の後半を参照せよ）。しかしそれでもなお、全個体を完全に識別できる自分の能力に絶対的に自信があるのでなければ、いずれかの個体だけに焦点を当てるよりも、全個体に適用される統計的指標の方を信用すべきだろう（第4章を参照せよ）。もし自信があるのであれば、本節の可視化の仕組みのいくつかは、とりわけ優れているかもしれない。

ブロックと切断点

社会ネットワークにおける個体の役割を探究する方法の一つは、ネットワークの「切断点（cut-point）」を占める個体を調べることである。ある個体を経由しなければ二つの下部ネットワークが別々のコンポーネントになってしまう場合、その個体を表す点は切断点として識別される（図3.5）。切断点によって結合するネットワークの部分は、この文脈ではブロック（blocks）と呼ばれる。こうし

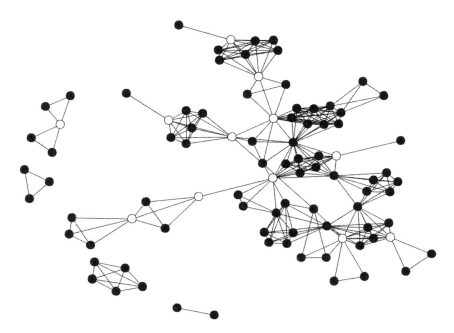

図 3.5 ブロック（黒点●）と切断点（白点○）を描いた図 3.4 のケニアのキリンの社会ネットワーク

た個体がネットワークブロック間の情報や疾病の伝達にとってのキープレイヤーとなる場合を想像するのは容易だろう。

　より一般的には、ブロックとはかなり弱い結合でネットワークの残りの部分と相互結合する動物の集合として考えることができる。そうしたブロックの存在は、社会ネットワークの構造のレベルとはペアのレベルと集団のレベルの間のどこかに存在していることを示唆している。第6章ではネットワーク理論を用いて複雑なネットワークの内部によく結合する点のグループを探索する最近の興味深い方法を詳しく考えよう。この方法は、何を意味のあるグループとして考えるかという定義にもとづくブロックや切断点の構築と比べると制約はほとんどないのだが、どれも同様の問題とかかわっているのである。

エゴセントリックネットワーク

　名前が示しているように、エゴセントリックネットワークは一点だけを中心に

据えたネットワークである。実際、与えられた点のエゴセントリックネットワークとは、点そのものと辺を通じてその点と結合する点だけを含む下部ネットワークである。（別の文脈では、これはその点の近傍として記述される。） 例を用いてエゴセントリックネットワークの潜在的な便利さについて説明しよう。Sade（1972）が研究したアカゲザルの毛づくろいネットワーク（図3.2を参照せよ）では、個体7が集団の毛づくろいネットワークにおいてとくに重要な役割を果たしているだろうとすでに示唆しておいた。個体7のエゴセントリックネットワークを可視化することで、この洞察を強めることができる。個体7の毛づくろいのエゴセントリックネットワークにおいて、計15頭の毛づくろい可能な相手のうち、12頭が直接結合している（図3.6a）。少なくともこの場合、全体ネットワーク（図3.2）をレイアウトするのに利用したばね埋め込み法によって、個体7がネットワークの中心付近に配置されたことに注意すべきだ。このことと、エゴセントリックネットワークのサイズを考え合わせると、個体7が集団内の毛づくろいにおいて重要な役割を果たしていることが示唆される。対照的に、個体1のエゴセントリックネットワークを見ると、そのネットワーク内でたった3個体としか結合しておらず（図3.6b）、その役割はあまり重要ではないようだ。もちろん上述したように、このレベルのネットワークには個体識別の誤りが大きく影響を与えてしまうため、サンプリングのプロトコルに自信がある場合にのみ、そうした結論を安全に引き出せる。

3.4 ネットワークデータのフィルタリング

分離したコンポーネントやブロックの存在や、エゴセントリックネットワークのサイズや構造の変異は、社会ネットワーク内部の異質性（heterogeneity）の存在を示している。動物の社会ネットワーク分析で興味深いのは、まさにこうした異質性である。私たちは集団内結合のネットワークに構造が存在する程度を知りたいのだ。異質性と同様に、とりわけ野生集団におけるペア間のインタラクションの数（または強さ）や、各個体の観察回数には変異がある可能性がある。第5章でこれらの問題の重要性を議論し、ネットワークから導かれる結果の統計的有意性を確定させよう。ネットワークの予備的な可視化作業の一部として、観察頻度やネットワークにおける関係性の強さの変動の効果に注目すべきであるこ

とを、今は単に指摘するにとどめよう。

データに存在する異質性を調べるには二つの方法があり、どちらもネットワー

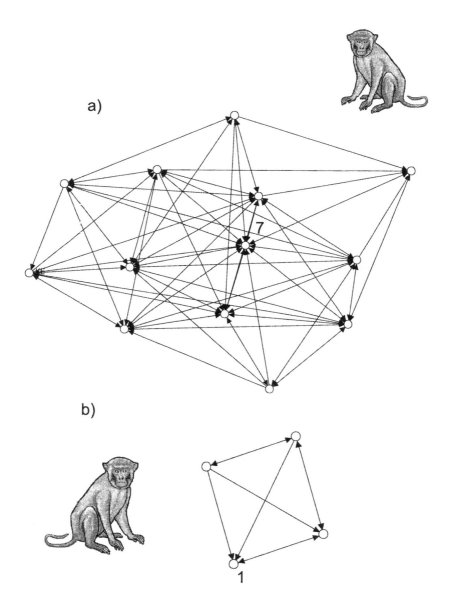

図 3.6 Sade（1972）によるアカゲザル二個体の毛づくろいのエゴセントリックネットワーク：(a) 個体 7 と (b) 個体 1。完全なネットワークについては図 3.2 を参照せよ

クのフィルタリングを含んでいる。第一にサンプリングが低頻度でしかできなかった個体については、彼らの社会的インタラクションの正しい記述に自信をもてないとみなし、データセットから除外する方法である。第二に弱いまたは低頻度のネットワーク関係（辺）を除外し、そのネットワークの「安定コア（stable core)」を明らかにする方法である。考察している二つの方法はともにグループ内のアソシエーションの回数を数えることにもとづいている。個体同士が同一グループに共在（co-occurred）した回数にもとづいてフィルタリングするだけで、辺をネットワークから除外できる。本章の後半では、アソシエーション指標を用いて、サンプリング枠組みの副産物としての辺の重みにおけるバイアスを修正することを考えよう。

　ネットワークのフィルタリング問題は、ある程度の恣意性を含むというのが、唯一正しい言い方であると私たちは考えている。多くの研究がすでにフィルタリングをしたネットワークに対してなされているし、このアプローチには絶大な利点がある。社会ネットワークのフィルタリングを用いて、ネットワーク構造を説明する仮説を生み出し、出現パタンの頑健性を検討することができる。アプリオリに予測したネットワークのパタンに注目することで、ネットワークアプローチに一層自信を深めることができる。しかし実際にはフィルタリングの影響がどの程度のものなのか調べた報告はほとんどない。生物学的妥当性またはサンプリング手法の妥当性をもって、「生の」ネットワークに対してある種のフィルターを適用し、フィルタリングされたネットワークだけを分析し、辺を二値的（重さ 0 または 1）に扱い、そして省略された個体や関係性の影響は無視するのがほとんどである。ネットワークをそのまま扱っていても、そのネットワークが間違いやサンプリングバイアスを含む可能性については論じない。この問題の詳細には第 5 章で立ち返ろう。

個体のフィルタリング

　サンプリングにどれだけの努力量を投入しても、野生集団の調査においてはデータセットがまばらになることもあるし、きわめて低頻度でしか観察されない個体もいることだろう。それは個体が調査地外に移動したからかもしれないし、再捕捉率が低いからかもしれない。そうした場合、ある個体については観察が低

頻度すぎて彼らの社会的紐帯を適切に表現するのに自信がもてないという問題が生じる。フィルタリングの第一のやり方は、そうした個体をネットワークから除外することである。イルカ（*T. truncatus*）の調査で、ルソーは6年間の調査の最初の12か月を生き延びた個体だけを含めることで、アソシエーション選好性の分析に充分な情報を得ることができた（Lusseau 2003）。観察がより短い期間で実施される場合、閾値（threshold）を数週間・数日単位に設けるのがよいかもしれない。

　時間閾値（time threshold）の代わりに、観察閾値（observation threshold）を設ける場合もある。たとえばある最低限の回数以上観察できた個体のみをデータに含めると決めてしまうのもよいだろう。Wolf et al.（2007）は、ガラパゴスアシカ（*Zalophus wollebaeki*）の島内集団の社会ネットワークのコアに関心をもち、4か月間の観察期間中、10回未満しか観察できなかった個体を、島を偶然利用しただけとみなして除外した。Bejder, Fletcher and Bräger（1998）がその頃に出版された著作を調べ、典型的には2から6回程度の目撃を観察閾値として適用する研究者の多いことを明らかにした。

　NETDRAWプログラム内において、こうした基準にしたがい点を除外する影響を調べるもっとも簡単な方法は、観察頻度を属性に含めることである。たとえば観察回数で個体のフィルタリングをするには、回数を属性の一つとして入力し「Nodes」ボックス内の特定の値だけをチェックしてグラフに含まれるようにすればよい。描いたグラフはどれもUCINETファイルとして保存でき、それは第4章やその後に見る量的分析の形式にあっている。そうすることでフィルタリングの影響をよりシステマティックに評価可能になる。

辺のフィルタリング

　どの個体をネットワークに含めるかを決めたら、ネットワークインタラクションやアソシエーションの強度の異質性がネットワーク構造にいかに影響するかを調べよう。観察した一対ごとの関係性のうちの一部は、ランダムまたは「偶然」のイベントによって生じただけかもしれない。（後の章で論じるように、関係性データが集団切り出し法にもとづくアソシエーションの場合、その可能性に高くなる。）偶然のイベントがネットワークをまとめるのに重要となることは十分あ

り得ることで、「弱い紐帯の力」（Granovetter 1974）の可能性には常に気をつけておかねばならない。ごく少数のウィルス感染者が、世界規模の大流行を引き起こすこともあり得るのだ。しかし誤認の結果でもありうる過剰分析（over-analyzing）で得られるネットワークの特徴の危険性を考えると、ランダムではない社会的選好性やインタラクションを実際表しているであろう関係性にのみ注目した方がよい。辺が重み付けされていると仮定すると（第 2 章を参照せよ）、まずネットワークをフィルタリングしてランダムではない要素を特定し、ある閾値以上の重みをもつインタラクションやアソシエーションだけが残るようにする。この閾値を上げると、ネットワークの「コア」コンポーネントが出現する。ネットワークの辺をフィルタリングする単純な方法は、アソシエーション強度（同一グループ内でのペアの観察回数）を用いてグループベースのアソシエーションを引き出すことである。NETDRAW では、「Rels」というボックスを使い、アソシエーション強度フィルターのレベルを制御することができる。アソシエーション強度を 1 だけ増やして、この閾値を下回るアソシエーション（辺）が消えるのを見ることで、ネットワーク内のより高次の構造を明らかにできる。ここでもまた NETDRAW スクリーン上の（フィルタリングしたネットワークも含め）どのネットワークも、後の量的分析用に二値的ネットワークとして保存できる。言い換えれば NETDRAW はある程度までフィルタリングをしてくれるということだ。

　そうすることの実用上の効果は何だろう。二つの例を見てみよう。第一の例で有益な教訓を提供する。第二の例は辺の強度に含まれる追加情報が（それが存在するかしないかという事実を超えて）生物学的特徴のいくつかを解く鍵となる可能性のあることを示す。

　最初の例として、図 3.1、3.4、3.5 にさまざまな形で示されたキリンの社会ネットワークをもう一度見てみよう。これらのネットワークは追加分析をするとよいように見える。強く相互結合した部分とより多数の別々の下部ネットワーク、多くの切断点などをもち明確に構造化されているためだ。しかし、もし一度しか生じなかった結合をすべて除去するようフィルタリングすると、たった二つのアソシエーションしか残らないのだ！　警鐘を鳴らさねばなるまい。実際これは「集団切り出し法（第 2 章を参照せよ）」が成果を出せない例である。この

ネットワークを構築するのに、キリンの各グループのメンバー全員が相互に結合していると仮定している。ほとんどの個体は一度しか観察できなかったが、二度観察しただけで、集団の大半がネットワークに合流し大コンポーネントを一つ形成したように見えてしまうのだ。したがって少なくともこの規模のデータでは、分析に耐えるネットワークは実は存在しない。各個体が何度も観察されて初めて、真の社会的親和性（affiliation）が観察される可能性がでてくる。グループ内の全個体が直接ネットワーク結合をもつとする定義では、単にあるサンプリングイベントでのグループ構成を表すだけの低いアソシエーション強度で作られたネットワーク構造を本物と見誤ってしまう。したがって集団切り出し法にもとづいてアソシエーションを定義した調査においては、たった一回だけ観察されただけのペア間の辺は常にフィルタリングをして除外してしまうというのはよい考えだ。意味のある社会構造を観察しているという自信を得るには、辺フィルター閾値を設ける経験則をもち、それにしたがうといいだろう。共在の平均値または中央値などの指標は有力な候補である。第5章でフィルタリング閾値の設定をどうするかについての問題に立ち返ろう。

　二つ目の例を見てみよう。グッピーの研究で、私たちは野生集団のすべての個体をタグ付けしてマーキングし、社会構造を記録した。7日間の観察期間にわたりどの個体が誰とグループにいたかを観察したのである（Croft, Krause, and James 2004a）。社会的インタラクションのデータに加え、個体の性を含む属性データも収集した。属性データを組み合わせ、ネットワーク上では異なる点の色で性を表現した。図3.7aに示されるフィルタリング前のデータを見ると、二個体のオスを除き、すべてのオスが同一のネットワークコンポーネントと結合していることが見て取れる。図3.7の残りのグラフは、同じネットワークデータを2回以上（中央値）同一の魚群で観察されたペアだけを含むようにフィルタリングしたもの（図3.7b）、そして3回以上でフィルタリングしたものである（図3.7c）。

　この例では、辺のフィルタリングは集団の興味深い特徴をいくつか明らかにしてくれる。まず驚くようなことではないかもしれないが、最大ネットワークコンポーネントの個体数は、より高い値のアソシエーション強度でフィルタリングすると減少してゆく。次にアソシエーション強度を高めると、大多数のオスがネッ

視覚的探索

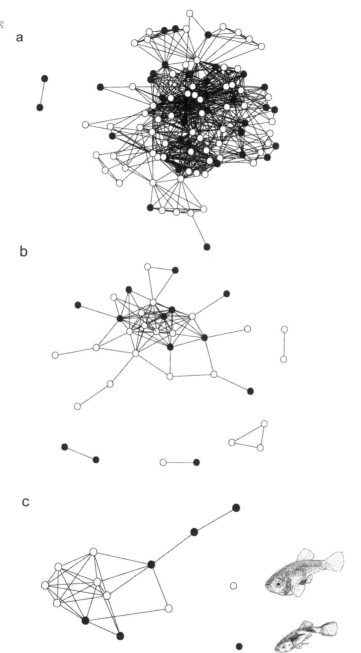

図 3.7 ばね埋め込み法を用いて描いたクロフトらによるグッピーの集団の社会ネットワーク（オスは●、メスは○）(Croft, Krause, and James 2004a)。各ネットワークは異なるアソシエーション強度で表現され、二個体の間の辺は (a) 1 回以上、(b) 2 回以上、(c) 3 回以上、同じ魚群で捕捉された場合にのみ描いている

トワークから抜け落ちてしまう。このことはオスではなくメスが集団の社会ユニットのコアを形成していることを示唆する。しかしこのことを統計的に検討するには、さらにランダム化検定を行い、メス–メス間インタラクションの観察頻度が、偶然による期待頻度よりも高く生じたかどうかを確かめる必要がある（第5章を参照せよ）。

アソシエーション指標

　アソシエーション強度（個体が同一グループに共在した観察回数）にもとづくネットワークのフィルタリングの代わりに、アソシエーション指標を用いて、ネットワークにおける相対強度を特定し、このアソシエーション指標にもとづいて辺をフィルタリングできる。二個体がアソシエートした頻度を計算する指標は前からあって（たとえば Fager 1957）、ある領域の問題には適用されてきた。ここでは社会的アソシエーションがグループ構成にもとづいて定義される離合集散社会に一般に用いられてきた指標に焦点を当てよう。ほかに、空間利用をもとに定義されるアソシエーションに焦点化した指標もある（たとえば Wilkinson 1985 を参照せよ）。二個体がアソシエートした観察回数を単に数えあげたものを用いるよりも、アソシエーション指標を用いる方が利点は多い。第一にアソシエーション指標は、データ収集の際に生じる潜在的なサンプリングバイアスを修正するのに利用できる。たとえばバイアスは写真による識別をする鯨類の調査で生じるかもしれない（Bejder, Fletcher, and Bräger 1998）。そうした研究では、一度の遭遇で写真が撮れるのは与えられた集団のほんのわずかな割合の個体だけだ。与えられたサンプリングイベントではグループ内のすべての個体が識別できるわけではない。だから結果として別々のグループにいる個体の観察にはバイアスがかかるだろう。第二にアソシエーション指標を正しく適用すれば（Cairns and Schwager 1987）、研究間比較（between-study comparison）に個体間のアソシエーション強度を用いることができる。

　異なるサンプリングバイアスに対応するためいくつかの指標が開発されてきた。そうした指標のうちグループ由来のデータに関連するものの一覧を、Box 3.3 に示した。より詳しい議論は、Cairns and Schwager（1987）、Bejder, Fletcher and Bräger（1998）、Whitehead and Dufault（1999）といった文献を参

照すること。

> **Box 3.3 アソシエーション指標の例**
>
> アソシエーション指標の目的は、グループの共在の単純な数え上げを個体間のアソシエーション強度（本書の言い方では辺の重み）の指標に発展させることである。二個体が3回一緒に観察されたけれど、そのあとはずっと離れ離れで観察されたということなら、2回しか一緒に観察されなかったけれどそのあと離れ離れで見つかることはなかった二個体と比べて、親密にアソシエートしていたと扱うべきだろうか。不完全なデータに対し完全な整合を期待できるようなアソシエーション指標は存在しない。あるバイアスを修正した指標は、他のバイアスを伴ってしまうかもしれない。したがってアソシエーション指標は何年にもわたってたくさんのものが提案されてきており、その中には適切なデータセットに用いれば役立ちそうなものもある。
>
> 有用なアソシエーション指標の多くは、以下の四つの数値にもとづいて計算される。ある個体のペア（aとbとしよう）が同一グループで観察された回数、すなわちアソシエーション強度X、aがグループで観察されたがbは観察されなかった回数Y_a、bがグループで観察されたがaは観察されなかった回数Y_b、いずれの個体も別のグループで観察された回数Y_{ab}である。それぞれの指標は、単にこれらの数値を違う形で組み合わせただけの違いである。たとえば単純比率指標（the simple ratio index : SRI）は、aとbが一緒に見られた回数の少なくとも一方が観察された全回数に占める割合である。
>
> $$SRI = \frac{X}{X + Y_{ab} + Y_a + Y_b}$$
>
> 観察者が各サンプリング点で全個体を定位する（locate）ことができ、しかも彼らのアソシエーションを記録することができるような状況においては（こんなことは飼育集団を用いた研究でのみ生じるものだが）、SRIは0と1の間でスケーリングされるもの共在の回数（X）とまったく同じ意味をもつ（1はそのペアが常に一緒に観察され、0は一度もアソシエートしていないことを示す）。
>
> ある個体を定位できる確率が、グループ内の他個体の数やタイプ、あるいは繁殖条件（Cairns and Schwager 1987）など、グループの他メンバーとのアソシエーションパタンと関連する要因に依存する場合、サンプリングバイアスが生じるかもしれない。たとえば非繁殖期にはシカのオトナオスとオトナメスを別々のグループで見ることが多いであろうが、メスとその仔は同じグループで見つかること多いだ

ろう。別々のグループにいることで個体の定位にサンプリングバイアスが生じる状況では、以下で与えられる半荷重指標（the half weight index：HWI）がもっとも適切だろう。

$$HWI = \frac{X}{X + Y_{ab} + \frac{1}{2}(Y_a + Y_b)}$$

対照的に、ある一つのグループにいることで個体が定位されやすいサンプリングバイアスが生じている場合には、以下で与えられる倍荷重指標（the twice weight index：TWI）を選ぶのとよい。

$$TWI = \frac{X}{X + 2Y_{ab} + Y_a + Y_b}$$

別の場合には、グループ内の隣接者間のアソシエーションパタンにもとづいた社会的インタラクションを定義していることもあるだろう（第2章）。この場合、Sibbald et al.（2005）が発展させた社会性指標がより魅力的だ。これは、ある特定のペアが全グループにおける最近接個体ペアとして観察される相対的割合を計算するものである。

あるサンプリングイベント内でのバイアスを修正することに加えて、データ内の他のバイアスを修正することもできるだろう。第2章で論じたように、複数回のサンプリングイベントの独立性を考慮することは重要である。グループ間移動の頻度よりも頻繁にサンプリングをするような場合には、サンプルは独立の観察を表してはおらず、アソシエーション指標を大幅に過大評価してしまうかもしれない。たとえばアフリカスイギュウの研究で、クロスらは22か月間に375回の離散（fission）イベントを記録した（Cross et al. 2005）が、サンプリングは週に2・3回行っただけだった。これを補うため、クロスらは離散決定指標（the fission decision index：FDI）と彼らが名づけたアソシエーション指標を提起した。これは二個体がその後に同一の下部グループを選ぶことになった離散イベントの割合であり、以下で与えられる。

$$FDI = \frac{T_{ij}}{T_{ij} + A_{ij}}$$

T_{ij}は個体iとjが離散イベント後に一緒にいた回数で、A_{ij}は個体iとjが離散イベントの間離れていた回数である。この指標は離散イベントとその後に生じた集合イベントの間の点にサンプリングを限定することで、サンプリングバイアスを統

制しているのである。

　最後に、生物学とは異なる文脈でニューマンは、グループの共在性に由来するネットワークはグループサイズの単純な関数によって辺の重みを減少させることができることを示唆した（Newman 2001b）。つまり、もしサイズ g のグループで二個体が一緒に見られた場合、1 だけではなく、$1/(g-1)$ を辺の重みに加える。動物の社会ネットワークの文脈では、この補正は大きなグループにいる二個体が小さいグループにいる二個体よりも有意味なアソシエーションをもつことが少ないという懸念にある程度対処しているといえる。

アソシエーション指標を用いる際にも、閾値をどれだけにしてネットワーク内の辺としてインタラクションを受け入れるか拒否するかを決めなくてはならない。ネットワークの二個体間関係に有意な値を割り当てて、インタラクションが偶然生じたと仮定したときに期待されるよりも頻繁に生じるインタラクションだけを含める試みがなされてきた。このアプローチは魅力的ではあるのだが、方法論的な問題をかかえている。その詳細については第5章で論じる。ここではアソシエーション指標を、単に辺に重み付けをする別の手段とみなしておくだけでよい。単純な共在指標によるフィルタリングなど、このバイアスのもとでどれだけの強さでネットワークにフィルタリングするかについての経験則はきわめて便利である。第5章でこのことについて深く議論しよう。

第4章
点ベース指標

　システムを表す社会ネットワークを手にした今、その構造についてのより量的な探究を開始して、この構造が研究対象集団の生物学的特徴について教えてくれることをよく考えるべき時だ。本章ならびに次章では、一見しただけでは社会ネットワークが複雑に絡み合っているだけに見えるものの中から、ある種の秩序を取り出すために、社会科学者やその他が発展させてきた分析ツールとからくりをいくつか見て回ろう。本章で考慮するのは、個体の結合特性全体の平均にもとづくネットワーク全体構造の単純（暗算はできなくても理解するのは単純）だが便利ないくつかの指標である。ほとんどの個体レベル指標には不可避的にある変異が存在する。もしないとすれば驚きだ。こうした個体ベース指標のネットワーク上での分布が、生物学の用語で解釈されうる集団の特性を反映しているかどうかと問うのが自然な流れである。第5章ではこれらの問題の探究に関連する統計的方法を提示する。第6章では社会ネットワークが多くの個体を含む上位レベル構造をもつかどうかを検定するより洗練された方法に進み、そして第7章では二つ以上のネットワークを比較する方法を探究する。

　本章のおもな内容は、一般的に使用されているネットワーク構造に由来する記述統計量の意味とその利用についての説明である。それぞれの計量を記述し、計算に必要な数学の方程式を与え、生物学への応用の潜在的な面白さについて説明しよう。指標のうちのいくつかは、私たちの数学的挑戦への気力をくじくように見えるけれども、標準的なネットワーク分析ソフトウェアのボタンのクリックだけで簡単に計算してくれるのだからパニックを起こすことはない。本章で明らかにするが、量的ネットワーク分析の進展はコンピュータプログラムやパッケージの助けを借りないと不可能だったし、また第1章で言及したように現在これを可能にするたくさんの選択肢が存在している。ここでは私たちはUCINETパッケージ（Borgatti, Everett, and Freeman 2002；Box 1.1を参照せよ）だけを選択することにしよう。経験上、このパッケージは量的ネットワーク分析を始めるの

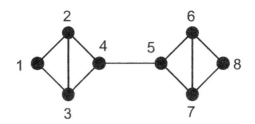

図 4.1 ネットワーク構造の量的指標の描写に用いる単純な八点によるネットワーク。存在する辺はすべて方向性がなく 1 単位の重みをもつものと仮定する

に利用可能な環境を与えてくれ、複数の可視化プログラムへの橋渡しをしてくれる。本章のネットワーク特性の多くは、UCINET で計算可能なものである。

独立して繰り返し発展してきた多くの学際的主題と同様に、ネットワーク理論は同意語で満ちており、注意しないと混乱してしまう。私たちは一群の用語だけ（グラフではなくネットワーク、頂点（vertex）ではなく点（node）、線（line）やつながり（link）ではなく辺（edge））を利用し、同意語のいくつかについてはそれを意識した方がよい場合にのみ紹介する。

八つの点（それぞれが動物一個体を表す）と 11 の辺（両端の個体間の社会的紐帯を表す）を含む単純なトイネットワーク（toy network）（図 4.1）を用いて構造的指標を説明し、計算・記述する方法を紹介しよう。トイネットワークにおける辺は、二値（二点間の辺は単位強度（unit strength）をもつ場合に存在し、さもなければ存在しない）かつ方向性なし（個体 A と B の間の辺が意味するのは、A が B と結合し、同時に B が A と結合するということである）である。ネットワーク構造の指標を拡張して、より一般的な辺の特性をもつネットワークを探究する方が簡単な場合もあるが、いつもそうとは限らない。この問題には 4.7 節、4.8 節で立ち戻ろう。

4.1 辺の密度

ネットワーク内の結合の数を表す単純な指標から始めよう。これはネットワークを構築し、フィルタリングし、比較しながらモニターするのに便利である。図 4.1 のトイネットワークのすべての点は、同一コンポーネント内にあり（第 3 章

を参照せよ)、それぞれの点は有限個の辺を経由して他のすべての点と結合している。しかしネットワークは「完全に結合している」わけではない。点の間に結びうるすべての辺が存在するわけではないからだ。n 個の点を含むネットワークにおいて、存在可能な辺の最大数（どの点のペア間にも辺が 1 本だけありうるものとする）は、$E_{max} = 1/2\, n(n-1)$ で与えられる。ほんの少しの点を描いてみれば、そうなっていることが納得できるだろう。ネットワーク内の実際の辺の数が E ならば、最初の便利な指標は存在する辺の数を可能な辺の数で除したもので、ネットワーク密度 ρ と呼ばれ、以下で与えられる。

$$\rho = \frac{E}{E_{max}} = \frac{2E}{n(n-1)}$$

(式 4.1)

トイネットワークにおいては、$n=8$, $E=11$ だから、$\rho \approx 0.39$ である。

これが意味することは何か。それ自体が大事というわけではないが、社会ネットワークのほとんどでは、ρ は 1 よりもずっと小さい値になっている（ネットワークが「ばらけている（sparse）」と呼ばれる）ということを指摘するのは価値があるだろう。つまり動物のペア間に存在しうる直接的結合のほとんどは実在しないということだ。言い換えれば集団のネットワークをまとめている社会的結合の大多数は、媒介者（intermediate agent）を経由する間接的なものだということだ。ネットワーク密度は第 7 章でネットワークの比較をする際にまた考慮する必要がある。

ネットワークの辺の構造に由来する指標へと進んでゆくが、しかしそれらは個々の点と関連しているかもしれないし、ごくまれに辺とも関連する。これらの指標の平均値だけがネットワーク構造を定量化するのに用いられる場合が多いが、大量の利用可能な情報を無視することになってしまう。それらはカテゴリカルなデータと組み合わせて考えれば単純平均よりもわかりやすいはずなのだが、このことは次章で説明する。したがってこうした指標がただ一つの点に由来する場合を強調することにした。

4.2 パス長

ネットワークの間接的つながりの影響は、二点間の辺の数を数えた距離（distance）またはパス長（pass length）を計算することで説明される。図4.1のネットワークを見て、点2についての議論に焦点を当てよう。点1から点2まで、辺の数でどれだけ離れているだろうか。この問いにはどの経路を取るかによって複数の答えがあるので話を簡略化し、点がどれだけ近いかを考えるのに最短のパスにのみ注目しよう。ネットワーク分析の伝統にしたがい、二点間の最短パス長を単にパス長（あるいは状況に応じて「測地線（geodesic）」ともいう）と呼ぼう。すると点1と2（また1本の辺で直接結合するすべての隣接者と）のパス長は1である。これを表記する簡便な方法はパス長をdとして、対象となる二点を添え字として表すことである。つまり$d_{12}=1$である。同様に$d_{27}=3$である。点2と4間の辺、点4と5間の辺、点5と7間の辺を経由するのが最短経路だからである。最後の例として、$d_{14}=2$である。（点2、点3のいずれを経由しても）同じ長さの最小パスが二つ見つかるものの、距離だけが問題となるからである。

他の点からの距離を表す個体ベース指標のうちで単純なものは、その点（点iとしよう）からネットワーク内のすべての他の点（$n-1$個ある）への平均距離である。これをL_iとすれば、以下で与えられる。

$$L_i = \frac{1}{(n-1)} \sum_{j=1}^{n} d_{ij}$$

（式4.2）

ここで少し休んで説明を加えよう。総和は$n-1$ではなく、nの点を含んでいるという者もいるだろうが、どの点も自分自身との距離は0として設定している限りこれで大丈夫である。L_iはコンポーネントを二つ以上含むネットワークの場合、無意味な指標ではないかと主張する者もいる。というのも点iから他のコンポーネントの点への距離は無限大となるためL_iも無限大となり、無意味だからだ。そのとおりではあるが、この問題を回避する道もある。そのうち二つについて後で簡単に言及しよう。珍しい名前好きの人なら、この等式の総和は点iの

「遠さ (farness)」と名づけるかもしれない。ネットワークの言葉遣いのなかには「〜さ・性 (-nesses)」が多用され、そのうちいくつかはかなり使うだろう。それらに目を向けたり、主題のなかでもっともばかばかしい「〜さ・性」はどれかとは注意したりして楽しむのもよいだろう。

表 4.1
図 4.1 のトイネットワークについてのネットワーク構造の点ベース指標の数値。五つの列はそれぞれ点ラベル (i)、ある点から他の点それぞれまでの平均パス長 (L_i)、それぞれの点のクラスター化係数 (C_i)、次数 (k_i)、媒介性 (B_i) を表す

i	L_i	C_i	k_i	B_i
1	2.857	1.000	2	0
2	2.143	0.667	3	2.5
3	2.143	0.667	3	2.5
4	1.714	0.333	3	12
5	1.714	0.333	3	12
6	2.143	0.667	3	2.5
7	2.143	0.667	3	2.5
8	2.857	1.000	2	0
平均	2.214	0.667	2.75	4.25

他の点への距離の個々の値は、ネットワークの文献では、後で触れる平均パス長ほどには使用されない。その逆数は「近接性 (closeness)」として知られる指標の基本となる（かなり控えめな「〜性」である）。そうした指標のメリットは図 4.1 のトイネットワークの L_i をリスト化すると見いだせる。表 4.1 にこれを示した。このリストで最初に注目すべきは対称性である。点 1 と 8、点 4 と 5、点 2、3、6、7 がネットワークにおいて完全に同等であると仮定すれば、期待どおり同じ L_i の値をとる。これはもちろん単純で対称的なネットワークを選んだ結果であって、現実世界の動物の社会ネットワークにおいてはありそうもない。この小さなネットワークでは簡単に確かめられるが、L_1 と L_8 の値が相対的に高いことは、点 1 と 8 がかなり周辺的 (peripheral) な点であることを意味するのは面白い。L_4 と L_5 の値が相対的に低いことは点 4 と 5 が（極端な違いではないが）明らかにより中心的 (central) であることを反映する。単純指標はネットワーク内の個体の異なる役割や位置の抽出に有用だということがまずわかることで、その差異が生物学的関連をもつ要素と関係づけることができるのであれば、

潜在的にいっそう有用であろう。

　ネットワークの平均パス長 L は、ネットワーク全体にわたる一対ごとの距離 d_{ij} すべての単純平均であり、これはそれぞれの点の L_i の平均値と同等である。自分自身に対する距離は 0 なので、n 個の点を含むコンポーネント内の方向性なしのネットワークには、$1/2\,n(n-1)$ の異なるペアがあることになり、したがって平均パス長は以下で与えられる。

$$L = \frac{1}{\frac{1}{2}n(n-1)} \sum_{i<j} d_{ij} = \frac{1}{n}\sum_{i=1}^{n} L_i$$

（式 4.3）

　トイネットワークには 28 の異なるパス長があり、平均パス長 L は 2.214 となる。たった八個の点のネットワークでも手計算は面倒くさいが、たとえば UCINET パッケージを用いれば計算するのは比較的簡単だ（*network > cohesion > distance* と進めばよい）。

　L は「全体（global）」ネットワーク指標と呼ばれる。というのも恣意的に選んだ点 i と j の間の距離 d_{ij} を算出するにはネットワーク全体の経路を考慮する必要があるためだ。この指標が有用なのは、集団内の二個体が平均して（社会的な意味で）互いにどれだけ近いのかを感じられるためだ。たとえばネットワーク結合が均衡的社会的接触構造を表すとすれば、L は恣意的に選んだ一点から始まって、情報がどれだけ素早く集団全体に拡散するかの期待値の指標となる。もちろんある与えられた構造をもつネットワークを経由する情報拡散のダイナミクスを詳細にモデル化するのははるかに難しい命題である。伝染病（たとえば Pastor-Satorras and Vespignani 2001）や噂話（Moreno Nekovee and Pacheco 2004）といったケースで分析が実行され、いくつもの直感に反するが重要な結果をもたらし、近年におけるネットワーク理論のサクセスストーリーとなった。しかしわずかな努力で得られる単純指標 L は、少なくとも社会の異なる部分がどれだけたやすく結合しうるかを感じさせてくれる。L の利用の有名なものは、アメリカ合衆国全体の人間集団はおよそ 6 のパス長をもっており、すなわちどの二人も高々五人の媒介者を経由して結合しうるという例だ。これは「六次の隔たり（six degrees of separation）」という表現で有名だ（Milgram 1967）。よく引用さ

れる距離指標に「直径（diameter）」D もあるが、これは単にすべての d_{ij} の最大値である。

　パス長の計算の前に、約束どおり二つ以上のコンポーネントをもつネットワークを扱うための二つの方法について考えよう。一つ目のアプローチ（これはUCINET で採用されているものだが）は、「到達可能な（reachable）」点のペアだけで、言い換えれば同一コンポーネント内の点のペアだけでパス長を計算するということだ。たとえば図 4.1 のネットワークで、点 4 と 5 の間の辺が除外されれば、二つのコンポーネントのネットワークが得られる。次にそのコンポーネント内で、それぞれの点から他の点への平均パス長を計算する。この例の場合、到達可能なペア間の平均パス長は 1.167 になる。予想どおりこの値は図 4.1 における「全（full）」ネットワークの平均パス長の値よりも小さい。無限大を避けられたのは計算上はよかったが、平均パス長がかつてそうだったように全体ネットワーク指標であるということは、もはやそれほど自明ではなくなってしまった。もう一つのアプローチは、調和平均パス長（harmonic mean pass length：L_{harm}）を以下の等式により導くことである。

$$\frac{1}{L_{harm}} = \frac{1}{\frac{1}{2}n(n-1)} \sum_{i<j} \frac{1}{d_{ij}}$$

　このやり方にはなんら不思議な点はない。ほとんどの状況では L_{harm} と算術平均パス長 L はよく似た解釈となる。Latora and Marchiori（2001）は、$1/L_{\mathrm{harm}}$ はネットワークの情報流動の効率性の指標として利用できることを示唆した。より実用的には、調和平均はパス長の代替指標として使え、しかも到達不能なペアのために生じる無限大を避けることができる。調和平均は常に算術平均と同じかそれより小さい値となる。

4.3　クラスター化係数

　クラスター化係数（clustering coefficient：C）は、ネットワークの平均的構造についての指標の一つであり、平均パス長 L と相補的なものである。点それぞれの周囲のネットワーク構造の局所（local）を考慮することで導かれる指標だからである。

まず図4.1の小さなトイネットワークでクラスター化係数を計算し、その意味を考えよう。まず点を一つ選び（今回は点7を選ぶとしよう）、その点の「近傍（neighborhood）」を特定する。この場合、点5、6、8である。近傍はその点から辺一本分だけ離れた距離にあるすべての点を含む。次いで近傍の点それぞれが直接結合することで存在しうる辺の最大数を計算する。この値は近傍の点の数だけで決まる。つまり点iの近傍にk_i個の点があるとすると、それらの間には最大で$1/2\,k_i(k_i-1)$本だけ辺が存在する。そのため点7の場合、$1/2\times3(3-1)=3$となる。次いで、点7のクラスター化係数C_7は、ネットワークに実在する辺の数と可能な近傍の辺の数との分数であり、2/3となる。というのも図4.1では可能な辺のうち二つ（点5と6間、点6と8間）は実在するが、別の一つ（点5と8の間）には存在しないからである。幾何学的性質を調べると、点iの近傍の辺の数は、点iを含む三角形t_iの数と同じである。この性質を用いると、以下のように点クラスター化係数をかなりうまく表現できる。

$$C_i=\frac{2t_i}{k_i(k_i-1)}$$

(式4.4)

ネットワーク内の全n個の点について同じことを繰り返す。トイネットワークでのこの値は、表4.1の三番目の列に並べてある。ついでに言っておくと、C_iはパス長L_iと連動して変化するため、点クラスター化係数はその点のネットワーク内における中心／周辺の程度を表す別の指標と考えたくなる。しかしこれは一般的なネットワークには当てはまらない。単純な描画の例にあまり多くを読み込み過ぎてしまうことの危険を思い出すべきだ。パス長とクラスター化係数の間の関係については、本章の少しあとで立ち戻ろう。

ネットワーククラスター化係数は、それぞれの点クラスター化係数の単純平均であり、以下で与えられる。

$$C=\frac{1}{n}\sum_{i=1}^{n}C_i$$

(式4.5)

C_i はすべて $0 \leq C_i \leq 1$ であるので、C もつねに $0 \leq C \leq 1$ となる。もしある社会ネットワークの C の値が大きければ（多くがそうなのだが）、そのネットワークの社会的接触がそれ自体、直接結合していることがほとんどだということを意味する。したがってクラスター化係数は、局所的「派閥（cliquishness）」の平均の指標である。

UCINET を用いると、「クラスター」「クラスター化」といったキーワードと関係する計算がいくつかあることに気づくはずだ。クラスター化係数の計算のためには、*network > cohesion > clustering coefficient* と進む。そこで「全体グラフ（overall graph）クラスター化係数」とされているのが C である。UCINET での C の計算においては、ペンダント（辺一本だけを経由してネットワークの残りと結合する点）は点クラスター化係数を 0 として計算するのではなく、無視して計算するということにも注意しよう。

C_i を導く同じ数式を求める別の方法についてここで概要を示しておこう。クラスター化係数は、ある点の近傍がそれら同士の近傍となる程度を指標するということを、この方法は強調する。C_i は点 i と結合する三角形の数を、点 i を中心とする連続三点（connected triples）（ある一つの点と辺で結合し「V字」を形成するものとして定義される）の数で割り算したものとして計算される。図 4.1 の点 7 は、二つの三角形（点 5-6-7 と点 6-7-8）に属しており、また三つの連続三点（点 5-7-6、点 6-7-8、点 5-7-8）の中心となっている。そのため既出のとおり、$C_7 = 2/3$ となる。図 4.2 は点 7 にとっての三角形と連続三点を表している。

この方法でのクラスター化の定義は、ネットワークにおける相互結合した媒介者における三角形の重要性を示している。三角形は「モチーフ（motif）」つまり閉鎖ループや小樹形（small tree）といったネットワークの小部分の一例である。モチーフはネットワーク構造の定量化のもう一つの方法の基礎として利用されてきた。4.8 節と第 7 章でこれらに立ち返ろう。

クラスター化係数 C は局所構造に由来するネットワーク指標である。社会的動物において、この局所構造は表現型の組み合わせや個体間の親和性といったアソシエーションが活性化することで生じる。C を知れば、たとえば情報の流れに対する集団の感受性（susceptibility）について理解できる。たとえばクラスター化係数は変化させられるが辺の数は固定したネットワークにおける疫学的拡散の

点ベース指標   *83*

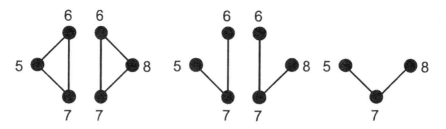

図 4.2 図 4.1 のトイネットワークにおける点 7 のクラスター化係数の計算に使用した三角形（左）と結合した三点（右）

モデルを用い、ニューマンは、弱い感染力しかもたない疾病でさえ、クラスター化係数が高ければ高いほどより速く集団感染の状態へと飽和してしまうと論じた（Newman 2003）。

　これまで動物の社会ネットワークの構築に用いるデータ収集のプロトコルの多くが、「集団切り出し法」（第 2 章）に訴えてきた。辺は各グループ内で観察される個体のペアそれぞれに、そしてすべてのペアに一本だけ引かれる。集団のネットワークはこれらの集団レベルクラスターの積み重ねにより構築される。ネットワーク理論の専門用語では、こうして構築されたネットワークは「二部（bipartite）」と呼ばれる。そこでは、個体とグループを表す二つのタイプの点を定義し、個体点とグループ点の間をつなぐ辺によってそのグループのメンバーシップを表すと考えると自然に理解できる。美しいアプローチではあるが、本書では二部ネットワークのいわゆる「一モード投影（one-mode projection）」を考えて、点は一つのタイプ（個体を表す）だけを表すように決めた。このようなネットワークは、一対ごとのインタラクションから導かれるネットワークを含む他のネットワークとまったく同じ方法で可視化・分析可能なのである。ここで指摘しておきたいのは、完全に結合したグループはクラスター化係数が 1 であるが（それらは完全な「クリーク（clique）」である）、多くのグループからのデータの積み重ねで構築されたフィルタリングしていないネットワークは不自然に高いクラスター化係数をもつ可能性が高いということだ。第 3 章で論じたように（また第 5 章で立ち戻る）ネットワークに辺のフィルタリングをかければ、特定のグループからグループ内の辺のほとんどを除外することができるため、この影響に

は対処できる。集団切り出し法を用いることで生じた C の計算上のバイアスは、ランダム化検定を用いることでもモニターできるし、またそうすべきである。この点については第5章でじっくり議論しよう。

4.4　次数

　ネットワークにおける点 i の次数は、k_i と表記され、単にその点に結合する辺の数である。この表記はすでに点クラスター化係数の定量化の際に使用している。図 4.1 の単純ネットワークにおける点次数を表 4.1 に示した。点次数には、個別に見ても全体で見ても特徴が多く、ネットワーク分析の初心者はよく考えてみるとよい。このうちもっとも単純なのは、平均次数 k であり、個別の点次数の平均として与えられる。

$$k = \frac{1}{n} \sum_i k_i$$

（式 4.6）

　この例では $k=2.75$ となる。個体の次数は、その個体がもつ異なる社会的結合の数を表し、UCINET では *network > centrality > degree* と進めば簡単に計算できる。平均次数は、平均的に点がどれほど結合しているかを示す単純指標である。辺はそれが結合する 2 点それぞれの次数に影響を与えるから、n 個の点と E 本の辺をもつネットワークの平均次数は、$k=2E/n$ で書ける。

　ネットワークの次数分布 $P(K)$ は次数 K（文献によって K 以上）をもつ点の割合として定義される。多くの巨大ネットワークの次数分布の性質が、ネットワーク理論の大きな関心の的となってきた（たとえば Boccaletti et al. 2006 のレビューを参照せよ）。次数分布は、ネットワークにおける噂話や感染を含め、ネットワークトポグラフィーや情報拡散ダイナミクスのいずれをも表す重要な指標である。たとえばニホンザル（*Macaca fuscata*）の観察で、ある個体がイモ洗いという革新的な採食技術を生み出した（Itani and Nishimura 1973）。革新者の次数が、その革新が集団内に広まるか広まらないかを決定する重要な因子となると仮定するのはもっともだろう。高い次数をもつ個体は、他個体に情報を伝えるのが容易だからだ。

最後に、人間の社会ネットワークにおける次数相関（degree correlation）（よく結合する個体が、他のよく結合する個体と結合する傾向）の性質にはかなりの関心が集まってきた。第6章でこの話題に立ち返ろう。

4.5　その他の中心性指標：点媒介性と辺媒介性

　ある点の次数はきわめて単純な「中心性」の指標である。つまり多くの近傍をもつ点は「よく結合して」おり、ネットワークの中で中心的な地位を占める傾向があり、ほとんど近傍をもたない点は周辺的となろう。社会学者が開発した多くのネットワーク指標（たとえば Wasserman and Faust 1994；Scott 2000 を参照せよ）は、生物学者が個別の点を弁別することに用いられる。ネットワークを一つのコンポーネントにまとめあげたり、情報の伝達にとって潜在的に重要な仲介者（broker）となる個体（あるいは個体のカテゴリー）を決定したい。つまりどの個体がネットワークにとって重要で「中心」なのかを決定したいという目的があるのだ。したがって点次数よりも感度の高い中心性指標がたくさんあり、探究してみる価値がある。UCINET パッケージでは *network＞centrality* で、多くのオプションから選択することができる。余談だが、ばね埋め込み法（第3章）が使い勝手のよい可視化ツールなのは、高中心性の点をグラフの中心に、低中心性の点を周辺に配置してくれるためなのだ。

　二つの密接に関連しあう中心性指標に注目しよう。ある点 i の「点媒介性（node betweenness）」は、i を経由する（i 以外の）点間の最短パスの総数と定義され、B_i と書く。計算するとなるとトリッキーだが、ある点を経由する最短パスの数が、点の中心性としてすぐれた指標であることを理解するのは比較的容易だ。一見して点媒介性は次数と強く相関しそうで、実際多くの場合そうであるが、必ずしもそうだとは限らない。トイネットワーク図4.1において、すべての点が次数2または3をもつが、点4と5は他の点よりも高い点媒介性をもつ（表4.1の最右列を参照せよ）。というのも、すべての左側の点は右側の点と結合するには、これらの点を経由せねばならないためである。

　点媒介性は、たとえば他の点までの平均距離（L_i）などの指標よりも、ネットワークにおける点の相対的位置を弁別するのに感度がよいということを、この単純なモデルネットワークが教えてくれる。点媒介性を計算すれば、情報の流れに

おいて集団内のどの個体が「キープレイヤー」なのかを指標化できるのである。たとえばニュージーランドのダウトフルサウンドに暮らすハンドウイルカ（*T. truncatus*）の調査で、ルソーとニューマンは、社会的にクラスター化した個体の集合（ネットワークの分野では「コミュニティ」と呼ばれる。第6章を参照せよ）の間の境界に位置する、集団内で相対的に高い媒介性をもつ個体を特定した（Lusseau and Newman 2004）。これらの個体は集団の社会的凝集性の維持にとくに重要な役割を演じていると考えられた。これに類する情報が動物の保全努力や管理戦略を焦点化するのに役に立つという状況を想像することもできるだろう。

これと密接に関連する構造特性だが、点ではなく辺にもとづくのが、辺媒介性（edge betweenness）である。これはある辺を横切る最短パス数を指標する。図4.1のトイネットワークでは、点4や5に結合する辺は、他とは比べ物にならない最大の辺媒介性16をもつ（次に大きいのは7.5である。どの辺がそれに当たるかわかるだろうか）。辺媒介性は、第6章でみるように、ネットワークの媒介レベルまたは「コミュニティ」構造を決定する基準として利用されている。

社会ネットワークにおける個体の役割の詳細を解明するために考案された指標が他にもたくさんある。ついでに「点リーチ中心性（node reach centrality）」に触れておこう。これは q 以下の距離だけ離れた点の数である。$q=1$ ならば点のリーチはその次数と同じである。フラックらはブタオザル（*M. nemestrina*）のネットワーク構造を定量化するのに、$q=2$ の点リーチを用いた（Flack et al. 2006）。この指標はある個体の近傍の近傍を数えるもので、ネットワークを通じた行動特性の伝播を把握するのに有効であると論じた。省略した指標のいくつかは将来的に動物の社会ネットワークを特徴づけるのにとても役に立つということが判明するかもしれない。しかし他の指標への乗り換えを検討するときまでには、ネットワーク分析の概念や用語を自分で探したり解釈することができるようになっているのは間違いない。Wasserman and Faust（1994）は、そうした指標の多くについてとても簡明な説明をしてくれているので、興味のある読者はそちらにあたるとよい。

本章の残りは、二つのトピックに費やす。第一に、自分が扱っているネットワークがどんなタイプのものなのかを決めるのに役立つ、よく理解されているモデルネットワークのいくつかを紹介する。第二に、ネットワークの辺が重み付け

ありあるいは方向性ありの場合に、上で紹介してきた概念や指標を、どのように再検討するかについての簡単な考察である。

4.6 モデルネットワーク

　これまで提示してきた指標に対する批判は、それらは量的指標であっても扱っているネットワークがどんなタイプなのかについて教えてくれない、というものだ。長い時間をかけて調査を計画し、動物を観察し、ネットワークを構築し、そしてやっとソフトウェアを扱うのだから、得られた L、C、k といった値がまるきり平凡なものなのか、とてつもなく驚くべきものなのかは知りたい。自分のイグアナが 0.35 のクラスター化係数だったといって友達に自慢できるだろうか。それとも胸の内にしまっておくべきものだろうか。

　これは描画をたくさん扱い始める前に取り上げなくてはならない重要な問いである。一般的に、もっとも満足できる答えとは、他のネットワークに対して計算された指標と自分の得た指標とを比較することである。第5章では、ネットワーク指標と同じデータをランダム化して構築される帰無モデル（null model）のネットワーク指標とを比較する手法を紹介する。第7章では、動物の社会ネットワークを他のネットワークとどのように比較するかについて考察する。これらの章で見るように、ネットワーク比較の選択には細心の考えが必要だし、詳細な比較は計算が必要となる。こうした細かいことに注意する前に、実際に得られた単一の社会ネットワークの構造特性を、単純だがとても有用な二つのモデルネットワークの構造特性と比較することは有益だ。ランダムネットワーク（数学者には「ランダムグラフ」と呼ばれる）と、レギュラーネットワーク（regular network）（「レギュラーグラフ」とか「格子」としても知られる）である。どちらも元のネットワークと同じ n 個の点と E 本の辺で構築される（したがって同じ平均次数 k をもつ）。これらのモデルネットワークは、非常によく研究され理解されており、元のネットワークと比較できる単純なマーカーとして機能する。ランダム、レギュラーネットワークの関連特性について順に説明する。

ランダムネットワーク

　ランダムネットワークのタイプは多いが、今関心があるのは n 個の点と E 本

の辺をもち、ランダムに選んだ二点間にそれぞれ辺が配置されたタイプのものである。そうしたネットワークは「エルデシュ＝レーニィランダムネットワーク」(Erdös and Rényi 1959) と呼ばれる。元の社会ネットワークと合致させるため、その点自身に戻る辺 (self-edge) や辺の重複 (duplicate edges) は認めないこととする。つまり辺はすべて別々のペアの点を結合する。

n 点 E 辺のランダムネットワークの平均パス長 L やクラスター化係数 C はどのような値になるだろう。ある点の点クラスター化係数 C は、連続三点が三角形を形成する割合を指標する（図 4.2 を参照せよ）。ランダムネットワークにおいては、これは三点を三角形にするような辺が存在する確率と等しく、そしてそれは選択された辺が存在する確率とも等しく、辺の密度 $\rho = E/E_{max}$ と同値である。すべての点クラスター化係数について同じ結果であるから、ランダムネットワークのクラスター化係数は以下となる。

$$C_{\mathrm{rand}} = \frac{E}{E_{\max}} = \frac{2E}{n(n-1)} = \frac{k}{n-1}$$

(式 4.7)

最後の等式が成り立つのは、すべてのネットワークで $k = 2E/n$ だからである。私たちに関心のあるネットワークの多くは低い辺密度 ρ しかもたないことを考えると、この結果が意味するのは、同じ数の点と辺をもつランダムネットワークのクラスター化係数はとても小さいということである。またたとえば二つのネットワークでまったく異なるクラスター化係数になったとしても、もしクラスター化係数が低い方のネットワークが点の数では多いということなら、その違いに生物学的な意味はないかもしれない。というのもこの違いを生む第一の原因が点の数だからだ。

ランダムネットワークの平均パス長は、もう少し計算が必要だがここでは割愛して単に引用するにとどめよう（たとえば Bollobás 1985 を参照せよ）。

$$L_{\mathrm{rand}} = \frac{\ln(n)}{\ln(k)}$$

(式 4.8)

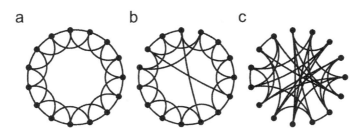

図4.3 レギュラーネットワーク (a)、ランダムネットワーク (c)、スモールワールドネットワーク (b) の例。それぞれの点の次数は4である。(b) と (c) は (a) の辺を繰り返しランダムに再結合することで作った。Watts and Strogatz (1998) より

ここで ln は自然対数を表す。この式はあまり有用そうに見えないかもしれないが、L_{rand} はネットワークサイズに伴い大きくなるが、その増加は緩やかだということが重要だ。したがってそれなりの数の点をもつランダムネットワークであっても、相対的に小さな平均パス長をもつことになる。図4.3c のランダムネットワークの例に見てとれるように、この結果は直観的にも合理的である。もし辺がランダムに選んだ点間に引かれるならば、どの点も他の点からはるかに離れているということはありそうもない。むしろ平均パス長を小さくする近道があるだろう。

数学者は非常に巨大なランダムネットワークの特徴を数多く発見してきた (Bollobás 1985 を参照せよ)。余談ではあるがここでその一つに触れておこう。ランダムネットワークを作って、辺の数を徐々に増やし、そのネットワーク内のコンポーネントの数の変化には興味深いことが生じる。辺の数が $n/2$ 本に達するまでは(すなわち平均次数 k が1となるまでは)、ネットワークは常に多くのコンポーネントを含む。しかし $n/2$ 本を超えた途端に、ほんの少数の落伍者しかおらず、事実上すべての点を含むような「巨大結合コンポーネント (giant connected components：GCC)」が出現する。言い換えれば、ネットワークが「浸透閾値 (percolation threshold)」[i]を超えたのである。ランダム(そしてそれ以外の)ネットワークで生じる面白い統計学的現象のさらなる理解に関心のある読者は、Albert and Barabási (2002)、Newman (2003a)、Boccaletti et al. (2006) などの物理学分野における複雑ネットワークに関する優れたレビューを読むとよい。

---
[i] 訳注：物性物理学における浸透理論・パーコレーション理論の用語

動物の社会ネットワークに関する初心者向けの教科書で、このような難解な点に言及するのはなぜか。こうした結果は巨大ランダムネットワークで得られるものである。一方私たちにとって関心があるのは相対的に小さく非ランダムネットワークの分析なのだが、それらは関連性をもつためだ。たとえば点サンプリング法を用いて構築した社会ネットワークがいくつかの結合をもたないコンポーネントに分離していたとすれば、集団の分離について重要なことを学んだと考えるのも魅力的だ。しかしもしネットワークの平均次数が1より小さいなら、ほぼ不可避的に複数のコンポーネントが存在してしまうことに気づいて、分析結果から意味を奪ってしまう前に、サンプル数を増やす努力をすべきである（第3章を参照せよ）。

レギュラーネットワーク

　レギュラーネットワークにおける各点は特定の近傍をもつ。こうしたネットワークを構築する方法はいくつかあるが図4.3aはその一例である。図中の点の次数はすべて4で、辺は両方向に最近接する二点ずつと結合している。この特殊なネットワークのLとCの計算も可能だが、説明を要するようなものではない。結果としては（Watts 1999）、$C_{reg}=1/2$であり、L_{reg}は以下で与えられる。

$$L_{reg} = \frac{n-1+k}{2k}$$

（式4.9）

　一般的にレギュラーネットワークはネットワークのサイズで変化しない高いクラスター化係数（1/2を超えることも多い）をもち、パス長が以下で与えられるということは覚えておくとよい（少なくともkよりもずっと大きなnをもつネットワークなら成り立つ）。

$$L_{reg} \approx \frac{n}{2k}$$

（式4.10）

　nの増加に伴い、この値はL_{rand}より急速に増加する。そのため巨大レギュラー

ネットワークは相対的に高いクラスター化係数と高い平均パス長をもつ傾向がある。後者の特徴は図4.3aにはっきりと表れている。つまり円の反対側の点との間のパス長は、円周上で細かいステップを何度も踏まねばならないため大きい。

スモールワールドネットワーク

1990年代後半以降、複雑系のための効率的なコンピュータアルゴリズムの開発と「熱力学的臨界」(言い換えれば無限大の数の点を含むネットワークに対する) における解析的結果の発見を手掛けることに熟練した統計物理学者からのネットワーク特性の分野には多くの貢献がなされてきた。ワッツとストロガッツはその重要な論文の中で、「再配線 (re-wiring)」パラメータを一つ調整することで、レギュラーネットワークをランダムネットワークにエレガントに変形できるトイモデル (図4.3) を紹介している (Watts and Strogatz 1998)。ほんのわずかの長距離ランダム結合があることで「スモールワールド (small-world)」ネットワークが生み出されることが、モデルによって示される。このネットワークは、同じ数の点と辺をもつランダムネットワークのもつ平均パス長 L より大きくはならない短い L をもつが、同等のレギュラーネットワークのもつ大きなクラスター化係数 C を保ったままだ。これは重要な結果だ。というのもワッツとストロガッツが示したように、多くのまったく異なるシステムにおける現実のネットワークが「スモールワールド」現象を示すからだ。

動物の社会ネットワークもまた、(少なくとも平均パス長とクラスター化係数の値に関しては) スモールワールド現象と一致した特性を示す。ハンドウイルカ (Lusseau 2003；Lusseau et al. 2006) とトリニダードグッピー (Croft, Krause and James 2004a) のシステムで、この特性が報告された。スモールワールド性は生物学的にも潜在的に興味深い。というのは、動物の集団に見られる高度にクラスター化したネットワークは、社会的情報の素早い伝達や疾病の社会的伝染を促進するためである (Watts and Strogatz 1998；Latora and Marchiori 2001)。しかしこのことにあまり深入りしすぎるべきではない。ニューマンなどが指摘したように、平均パス長の値がランダムネットワークによる期待値よりもレギュラーネットワークによる期待値に近いような現実のネットワークは発見困難だからである (Newman 2003c)。つまり大抵の場合、「近道」を形成しその結果相対的に

低い L の値を生む辺が必ず少しは存在しているのである。したがって L の値が、同じ数の点と辺をもつランダムネットワークによる期待値よりも少しばかり大きいことがわかったとしても、それ自体がとくに面白い結果ということにはならないのである。(紛らわしいことに、この特徴それだけで「スモールワールド効果」と呼ばれることがある。) 集団切り出し法を用いてネットワークを構築した場合、すでに言及した注意事項が適用されるものの、クラスター化係数も対応するランダムネットワークのそれよりもはるかに大きいということなら興味深い。

スケールフリーネットワーク

ある動物の社会ネットワークが「スケールフリー (scale-free)」性をもつものとみなす場合には、同様の注意が必要である。この用語は次数分布 $P(K)$ の形状に由来する。エルデシュ＝レーニィランダムネットワークやワッツとストロガッツのトイモデル (Watts and Strogatz 1998) に対しては、$P(K)$ は n の極限では二項分布かポワソン分布となる。そうした分布では、平均次数 k と関連する強最大値 (strong maximum)[ii] が分布のスケールを規定し、ある特定の値 K がピークの左右いずれにあるかによって、K の相対的な高低を簡単に判定できる (図4.4 を参照せよ)。反対に、人間の社会ネットワーク (たとえば電子メールのメッセージ Ebel Mielsch and Bornholdt 2002) や技術的ネットワーク (たとえばインターネット Faloutsos, Faloutsos, and Faloutsos 1999) などの多くの巨大な現実のシステムから作られるネットワークは、いわゆるべき乗則次数分布をもつことが知られ、広域の K 値にわたって $P(K) \sim K^{-a}$ (a は正の定数) が成立する。両対数軸にこうしたべき乗則分布をプロットすると傾き -a の直線となる (図4.4)。この直線上のどの K も特別な値となっていない。つまりどの値もスケールを規定しない。そのためべき乗則次数分布をもつネットワークは、スケールフリーであると呼ばれるのである。

スケールフリーネットワークとその特性について関心が高まってきた。というのはランダムネットワークに比べて質的に異なる情報 (や疾病) の運搬特性や点や辺の除去に対する復元力 (resilience) を示すためである (Pastor-Satorras and Vespignani 2001)。スケールフリーネットワークの興味深い特性の多くを生

[ii] 訳註：強最大値原理は数学の理論の一つ

点ベース指標

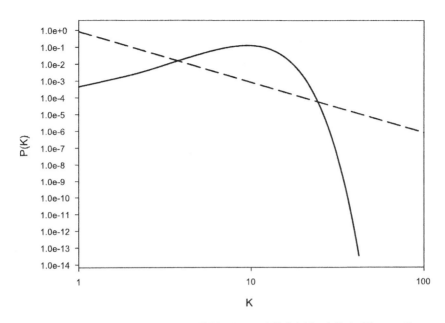

図4.4 両対数スケールでプロットされた説明のための次数分布図。実線は平均10のポワソン分布。点線は指数3のべき乗則分布。べき乗則分布は$K=1000$での累積確率が1になるように標準化されている

む鍵となっているのは、次数分布が大きく正に歪んでいるという特徴である。つまりスケールフリーネットワークには、非常に大きい次数をもつ点が、ポワソン分布ネットワークに期待されるよりはるかに多く存在し、こうした「スーパーハブ（superhubs）」は多くのネットワーク特性に対して非常に大きな影響を及ぼすのである。こうした発見のために、両対数軸上にKに対する$P(K)$をプロットし、K値のある変域で直線となる部分を見つけることで、動物の社会ネットワークにスケールフリー性の兆しを探索しようという試みは大変魅力的なのだ。しかし実際には、今日までネットワークの構築に用いられてきたほとんどの動物の集団はあまりにも小さすぎて、たとえばKが少なくとも3桁以上で次数分布がスケールフリーとなるインターネットに見出されるのと同じ特性を見出すことはできなかった（Faloutsos, Faloutsos, and Faloutsos 1999）。（余談だが、たとえ巨大サイズのネットワークであっても次数分布が完全にスケールフリーとなるとは限らないことは指摘しておかねばならない。小さいKの範囲では、べき乗則

からのずれが存在することがある。分布における大きな K の範囲では、有限サイズのネットワークでは、他の点の数という点次数の上限が存在する。したがって実際にはどのような巨大「スケールフリーネットワーク」も K のある有限範囲内でだけスケールフリーであるにすぎない。その範囲が K の大きさで数桁にまで広がっていれば、当てはめは有益であるが、その範囲がせいぜい 50 程度なら有益ではない、ということである。）

次数分布をプロットし分析することから何も学ぶことがないということを言っているのでにない。実際、観察されたネットワーク構造を理解しようとするなら、再捕捉率・グループサイズ・パス長・点媒介性といったあらゆる種類の変数の分布をプロットすることをお勧めする。図 4.5 は小型淡水魚の五集団（それぞれのサイズは 100 程度）の次数分布を示している。これらのプロットの類似性と差異性から学べることがあるかもしれない。ハンドウイルカ（Lusseau 2003）で報告されたのとよく似た正に歪んだ形の分布となっていることに注目すると興味深い。しかし K の範囲が狭すぎるので、次数分布に対する自然なスケールが存在するとか、もっとも結合の多い個体が「スーパーハブ」であり、あるプロセスにおけるキープレイヤーとなるにちがいないなどと断言することはできない。

ここでのメッセージは単純であるが重要だ。ネットワーク理論はエキサイティングで、多くの異分野の貢献により進展が早い。構造やダイナミクスの分析における急速な進展のうちいくつかは、動物の生物学的理解にとってきわめて有用なことが明らかになるかもしれない。しかしそれらに飛びついて使用する前に、制約を設けて発展の「細則」を読まねばならない。たとえば数十や数百の動物の場合に当てはめることに意味があるのかどうか考えずに、巨大ネットワークの記述に用いる用語や方法を単純に適用したり、得られる統計的結果を利用したりするのは無鉄砲な行為である。

4.7　重み付けのある辺をもつネットワーク

ネットワーク初心者や、方向性がなく重み付けのない（実際そうであるか、フィルタリングの後にそのように選ぶかに関わらず）動物の社会ネットワークを扱うことが確実な読者はここを飛ばして第 5 章に進もう。本章の残りでは、二値的でない辺の重みを考慮に入れる場合や、構築した社会ネットワークが方向性の

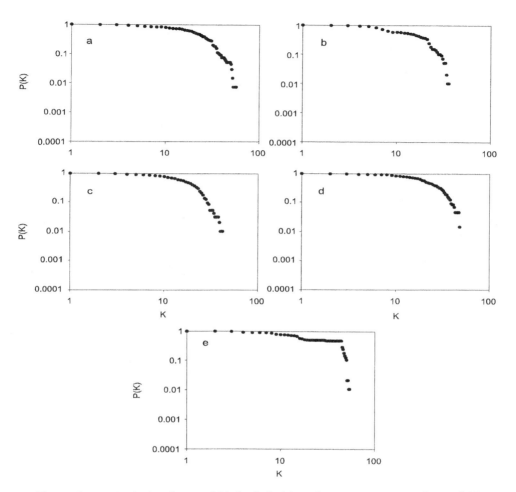

図 4.5 トリニダードグッピーの四集団（a-d）とイトヨ（*Gasterosteus aculeatus*）の一集団（e）の累積次数分布（次数が少なくとも K に等しい点の割合）

ある関係性をもつ場合に、上述してきた議論や指標をいかに再考すべきかを見てゆく。

　第2章ですでに見たように、集団内のすべての一対ごとのインタラクションが同じ強さというわけではない（あるいは実際同じ符号ですらないかもしれない）という事実を反映する重み付けのある辺を、動物の社会ネットワークがもつという考えは十分合理的だ。本章で議論した指標のいくつかを辺に重み付けがある場

合用に作り直すこともできるが、こうした値をどう解釈するかは今のところ不明なのである。したがって今日まで動物の社会ネットワーク分析では、(ときにはアソシエーション指標を適用して) フィルタリングすることで単純な量的分析ができる二値ネットワークを構築するのが普通だった。現実のそしてモデル化された重み付けのあるネットワークの理解が進めば、この流れは逆転するだろう。以下で示す指標は比較的最近出てきたもので、二値ネットワークに置き換えたもののような検証はほとんど進んでいない。Boccaletti et al.（2006）は、重み付けのあるネットワーク指標の優れたまとめを含む論文だ。ルソーらは最近の論文で、動物の社会ネットワーク分析に対する重み付けされた指標の使用を強く提唱していることを付言しておこう（Lusseau, Whitehead, and Gero 2008）。

重み付けのあるネットワークは $n\times n$ 荷重行列 weight matrix W で表現される。成分 W_{ij} は点 i と点 j をつなぐ辺の荷重を表す（二値ネットワークであればすべての荷重が0か1となる）。

重み付け次数：点強度

次の式で表される点強度

$$s_i = \sum_{j=1}^{n} W_{ij}$$

（式 4.11）

は、点に結合する辺の荷重の合計であり、その点の次数とすべての辺の荷重との組み合わせである。点強度は重み付けのある場合に点次数に相当する指標であり、点強度分布関数 $P(s)$ といった類似の指標については、動物以外のネットワーク分析で報告がある（Barret et al. 2004）。

重み付けクラスター化係数

クラスター化係数の計算に辺荷重を含める方法がいくつか提案されており、うちいくつかを Saramäki et al.（2007）がレビューしている。式 4.4 を自然に変形させたものなどは有望だ（Onnela et al. 2005）。点 i を含む三角形の数の単純な数え上げ t_i の代わりに、辺荷重にもとづいてそれぞれの三角形に重み付けする。

例を挙げるとわかりやすい。図 4.1 の点 7 のクラスター化係数は $C_7=2/3$ だった。図 4.2 左に関係する三角形が挙げられている。今、点 7-8 間の辺の荷重が 1/2 で、ネットワーク内の他のすべての 10 辺の荷重が 1 と仮定しよう。(すべての点クラスター化係数は 0 と 1 の間に収まるため、辺荷重はネットワーク内の最大値で測る。) そして三角形の荷重を、三つの辺荷重の積の立方根として定義する。図 4.2 の最初の三角形の荷重は $(1\times1\times1)^{1/3}=1$、次の三角形では $(1/2\times1\times1)^{1/3}\approx 0.794$ となる。点 7 の重み付けクラスター化係数は、三角形の個数を数える代わりに、三角形の荷重を足し算することで、$C_7^W=2/6\times(1+0.794)=0.598$ となり、予想どおりかもしれないが重み付けなしの係数 $C_7=2/3$ よりもわずかに小さい。もちろん一つの辺荷重の変化に影響を受けたのは点 7 だけではない。同様にして $C_6^W=0.598$, $C_8^W=0.794$ と計算される。他の点については (影響する辺と結合していないため) すべて重み付け前と同じ値となり、したがってネットワーク全体の平均重み付けクラスター化係数は $C^W=0.624$ となる。

重み付けパス長と媒介性

パス長に自然に重み付けする方法は、各辺の荷重に応じた長さ δ_{ij} を導入することである。単純に $\delta_{ij}=1/W_{ij}$ を用いることで、重み付けの大きい辺のパスを短くできる (したがってこの場合、より重要ということだ)。それゆえ二点間の最短パスは、辺の長さの総計が最小値となるパスである。このことは事態を複雑にする。というのも、もはや最短パスが最小数の辺を含んでいるとは限らないからだ。たとえば図 4.1 の点 2-5 間の最短パスは、点 2 から点 4、そして点 5 へと至る経路であり、長さは 2 である。しかしもし $W_{24}=1/5$ で残りの辺は単位荷重 1 であったとすると $\delta_{24}=5$ となり、一方点 2 から 4、そして 5 に至る重み付けパスは辺の長さ 6 となる。これは点 3 を経由して三辺を通る長さ 3 の重み付けパスよりも「長い」ことになってしまう。

重み付け最短パスを計算するためのアルゴリズムがある (たとえば Newman 2001a を参照せよ)。これらを用いれば辺の長さを考慮して修正した媒介性も計算可能である。だが繰り返すが、その使用法や解釈は定まっていない。

4.8 方向性のある辺をもつネットワーク

　重み付けのある辺と比べると、社会科学では方向性のあるネットワークを考慮してきた歴史が長い。人間のインタラクションはいつも相互的とは限らないことは最初から理解されてきた。したがって人間の社会ネットワークを特徴づけるべく発展してきた方法は、方向性のある辺を念頭においてデザインされたものが多い（たとえば Scott 2000；Wasserman and Faust 1994；Carrington, Scott, and Wasserman 2005 の本を参照せよ）。社会科学者が作った UCINET のようなコンピュータパッケージは、それらを扱えるようデザインされている。本章で紹介する指標や概念についていえば、辺の方向性の考慮によって別の変数を考慮せざるをえなくなる。

次数とコンポーネント

　辺の方向性によってもたらされる明らかな違いの一つは、各点に接する辺の数を数えるのに二つの数を用いねばならないということだ。つまり点 i に引き込まれる辺の数、すなわち入次数 in-degree k_i^{in} と、点 i から出てゆく辺の数、すなわち出次数 out-degree k_i^{out} の二つである（図 4.6 を参照せよ）。

　ではこのことはネットワーク構造の単純指標にどんな違いをもたらすのだろうか。別の単純な例を挙げて見るのが簡単だ。図 4.7 のように、前に利用した方向性のないネットワークとよく似ているが、各辺に方向性のある第二のトイネットワークを用いる。一方向のみの辺（たとえば点 2 から点 1 への辺）もあれば、相互的な辺（点 2 と点 4 の間の辺など）もある。

　各点の入次数と出次数を計算しよう。結果を表 4.2 の第二、第三列に示した。どの点の入次数、出次数も一般に同じではないが、その平均値は同じになっていることがわかる。これが常に成り立つのは、それぞれの辺は必ずどこかから「始まり」どこかで「終わる」ためだ。平均次数は、矢印の数を点の数で割った値であり、この事例の場合、14/8＝1.75 となる。

　辺に方向性があるということ、ネットワークコンポーネントの特定さえ以前のように簡単ではないことを意味する。図 4.7 にはコンポーネントが一つしかないように見えるが、じつはまったく違う。点 1 を考えてみよう。その出次数は 0

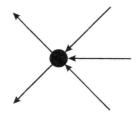

図 4.6 方向性のあるネットワークにおける点次数。この点は入次数が 3 で、出次数が 2 である

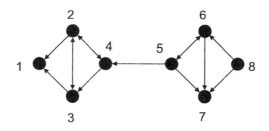

図 4.7 図 4.1 の方向性のないネットワークにもとづいた単純な八点の方向性のあるネットワーク

であるから、ネットワークの他の部分から孤立しているということを意味する。つまり点 1 から出る情報はネットワークの他の部分には到達しないということだ。同様に点 8 の入次数は 0 であり、それはつまりネットワーク内を巡る情報はどれも点 8 には届かないということだ。各点について有限数の辺を経由してその点に到達可能な点の集合を「インコンポーネント (in-component)」、その点から到達可能な点の集合を「アウトコンポーネント (out-component)」として定義すれば、この混乱を最小限できる。たとえば図 4.7 の点 3 のインコンポーネントは点 1 と点 7 を除いたすべての点を含み、アウトコンポーネントは点 1、2、4 を含む。次数分布や次数相関など他の次数ベース指標を考える場合には同様の注意が必要である。

パス長と媒介性

すべての点のペアが結合するわけではないことは、図 4.7 のような単純な方向性のあるネットワークにおいてさえ明らかであり、したがって点 i から点 j まで

表 4.2
図 4.6 の方向性のあるトイネットワークについての点ベース指標の数値。六つの列はそれぞれ点ラベル（i）、出次数、入次数、ある点から出てゆく平均パス長、ある点に入ってくる平均パス長、媒介性を表す

i	k_i^{out}	k_i^{in}	L_i^{out}	L_i^{in}	B_i^D
1	0	2	—	2.667	0
2	3	2	1	2.2	3
3	2	2	1.333	2.2	2
4	2	2	1.333	1.8	9
5	3	1	1.667	1.5	8
6	2	2	2.333	1	5
7	0	3	—	1	0
8	2	0	2.857	—	0
平均	1.75	1.75	1.754	1.767	3.375

の距離は、点 j から点 i までの距離と同じとは限らない。これら二つのパス長は別々に計算せねばならない。パス長を計算する際「到達可能ペア（reachable pairs）」のみを考慮することで、距離無限大を回避するのが合理的だ。4.2 節の点パス長 L_i との類推で、L_i^{out} を点 i からアウトコンポーネントのメンバーまでの距離の平均値として定義し、L_i^{in} をインコンポーネントのメンバーから点 i までの距離の平均値として定義する。方向性のあるトイネットワークでの結果は表 4.2 に示した。ダッシュ（—）は考慮できるパスが存在しないことを示している。これら二つの量の平均値は、この場合同じにならないことに注意が必要である。またネットワーク全体でのパス長の平均値（55/28＝1.964）も同じにはならない。こうした食い違いが生じるのは、出次数と入次数の場合それぞれで点とパスの数が違うことを無視したためだ。つまり L_i^{out} は六つの数の平均値である一方で、L_i^{in} は五つの数の平均値であり、平均パス長とは 28 の別々の到達可能なパス長の平均値であるためだ。

点媒介性については「イン」と「アウト」で値を分解する必要はない。というのも、点媒介性とはその点を経由する最短パスの数であるためだ。パスはもちろんパス長を計算する際に考慮した方向性のあるパスとしなければならない。トイネットワークの点媒介性は表 4.2 に示した。点 4 と点 5 が最大の媒介性をもち、

このことは、方向性のないトイネットワークで計算した値と非常に近いことに注意しよう。

　関心のある読者は、社会科学においては数々の卓越した指標が方向性のあるネットワークの分析に特化して発展してきたことに注意すべきである（Wasserman and Faust 1994）。点のインコンポーネントにもとづく「威信（prestige）」の指標もある。点のアウトコンポーネントにもとづく類似の指標は「中心性」指標と呼ばれる。

クラスター化とモチーフ

　クラスター化係数を巡る状況は少しトリッキーだ。たとえば UCINET を使えば方向性のあるネットワークでクラスター化係数を計算してくれるが、これが何を指標するのかは自明ではない。Drogovtsev and Mendes（2003）が指摘したように、「（ここで示したような）クラスター化の概念は、方向性のないネットワークでのみ十全に定義できる」のである。実際、「クラスター化係数」の概念は、推移性といったそれと近い概念とは異なり、社会ネットワーク分析の伝統にはなかったものなのだ（たとえば Wasserman and Faust 1994 を参照せよ）。方向性のある社会ネットワークにおいて派閥や類似の概念を特徴づける代替案として、単純な計量にもとづく分析ではなく、ネットワーク内の微小な構造的断片を特定・列挙にもとづく分析も提案されている（たとえば Faust and Skvoretz 2002；Milo et al. 2004；本書第 6 章を参照せよ）。そうしたネットワークの微小な構造的断片は「モチーフ（motifs）」として知られる。三点間に配置された方向性のある辺はモチーフの例だ。方向性のあるネットワークにおける各モチーフの相対的頻度は、方向性のないネットワークにおけるクラスター化係数に相当する構造的情報をもたらしてくれる。モチーフとネットワーク内での出現頻度の分析は、ネットワーク構造分析法を発展させようとしている人々にとって興味深い研究テーマだろう。すべてのモチーフがすべてのネットワークに存在しているわけではないことは明らかだ。たとえば一夫一妻制の元での異性間接触のネットワークには、辺が閉じたトライアングルはまったく存在しないはずだが、想像力のある読者は別のモチーフを生み出す人間の配列をいくつか考えつくかもしれない。第 7 章でモチーフに立ち返り、ネットワーク間比較で使用することを考えよう。

4.9 結語

本章から受け取ってほしいメッセージは、使用可能な構造的計量はいくつもあり、それらは動物の社会ネットワークの最初の量的指標を与えてくれるということである。ネットワークの辺に重み付けがなくかつ方向性がない場合、これらの指標の使用はもっとも単純だが、ネットワークに方向性や重み付けがあったり、またその両方があったりする場合でも使用可能な拡張版もいくつもある。ランダムネットワークやレギュラーネットワークといった単純なネットワークモデルを用いることで、あるネットワークで計算されたパス長やクラスター化係数の平均値が、意外なほど高いあるいは低いといえるかどうか、とりあえずの評価をしてくれる。

第5章
点ベース指標の統計検定

　関係性データを収集し、ネットワークを描き、それを用いて記述統計量を計算した。次に来るのは何だろう。生物学者として、社会的ネットワークが研究対象種の社会生物学的事実について教えてくれることに興味をもつべきだし、そして最終的に見出されたネットワークパタンは統計分析に耐えうると確信できなければならない。そのためにできることは多いが、なすべきこともまた多い。ある構造中の関連する関係性をすべて表現するという、ネットワークのまさにこの側面こそがネットワーク分析を魅力的なものにしており、そしてこの側面のために、ネットワークデータは他のデータセットに比べて分析が少しトリッキーなのである。しかし失望する必要はなく、自分がしている量的ネットワーク分析の統計的頑健性の判断に、いくらか常識を働かせればよいだけの話である。

　ネットワークデータのパタン検定の容易さはデータの特徴によって異なるが、以下の質問項目で特定できる：

- すべてのインタラクションを確実に持続的に観察研究できたのが、(数百ではなく数十程度の個体数といった) 比較的小さなシステムだったかどうか。
- 「インタラクション」を観察したのか。それともたとえば共在するメンバーによる「アソシエーション」から推論したのか。
- 反復 (replication)[i] を含むか。
- 結果を検定するためにシステムを操作 (manipulation) できるか。
- 比較するのは少数個体の点の値なのか。それとも (若オス・年長メスといった) カテゴリーの平均値のような代表的指標であるのか。

　本章と次章では、単一の社会ネットワークにおけるパタンの統計的検定に専念する。取り上げる問いや、ネットワークから抽出する生物学的情報は、これら二つの章で同じタイプに見えるかもしれない。いずれの章も、実測パタンを点の属

---

[i] 訳注：反復 replication とは、同一条件での実験・観察自体を繰り返し、実験・観察ごとの偶然の影響を除去すること

性や点の集合に関係づけるのだが、章ごとにその方法論は大きく異なる。第6章ではネットワーク構造全体を見て、線のつながり合いの形（topology）が関係性について何を教えてくれるかと問う。一方、本章では第4章で紹介した点ベース指標からシステムについて学べることは何かと問う。オスがメスよりも度数がより高いとか、メスのクラスター化係数がオスのよりも大きいといった現象を見てきたが、そうした傾向が統計的に有意かどうかを検定するにはどうしたらよいだろう。点ベースのネットワーク指標の値やその分布から学べること、そしてカテゴリー間での指標がどのように分布するかを探求しよう。その過程で強調される問題には、点ベース指標の分析に特異的なものもあるし、より一般的なものもある。

　先に進む前に、ネットワークの学習をたやすくする二つの重要な要素について言及しておくのがよいだろう。これらは反復と操作という。本章（と次章）では、一つのネットワークは社会的インタラクション・アソシエーション・近接などを表すものと仮定し、そこから有用なデータを抽出する方法を考える。集団レベルでの反復があるなら（つまり複数のネットワークで同じ関係を計量するなら）、もちろんネットワーク指標をコンテクスト間で比較することで統計的推論が可能になるし、ネットワーク一般の傾向を主張できるようになる。第7章ではネットワーク間の比較についてより詳しく検討する。よりよいのは、ネットワーク分析から導かれる生物学的主張を実証的検定で支持できることだ。たとえばある二個体が偶然以上の頻度で一緒に観察されれば、このアソシエーションに参与者の積極的選択にもとづく選好的社会関係を表すものと予測できる。一方の個体に、それまでと同じパートナーと一緒にいるか、めったに一緒にならない相手と一緒にいるかの二択で選ばせることで、この予測を実験的に検証できる。同じように、半自然環境に手を加えた結果として、二つのネットワークの構造的異質性が生息場所の違いによって説明できそうなら、空間的構造を操作し、異なる生態学的制約の下でネットワークを構築し予測を検証すればよい。おそらく関係性データを収集するために必要な大きな労力のためだろうが、反復ネットワークや実験的操作による検証まで行った先行研究はこれまでのところほとんどない。

5.1　事例

　本章を始めるにあたり可能な限り話が単純となるシナリオを選ぼう。あらゆる

ネットワークの統計分析にとってもっとも理想的な前提とは、研究対象のシステムが、構築した「その」ネットワークとして十分表現され、ネットワークが関心のあるタイプの社会的インタラクションやアソシエーションの網目を正しくコード化していると自信をもって言えることだ。そうすれば少なくとも、サンプリングエラーや各個体の観察回数の違いのせいでネットワークに生じるバイアスといった問題を特定できる。こうした（幸運で稀な）シナリオなら、好きなネットワーク指標を分析して、関心のある生物学的特徴と関係づけるのは自由だ。個々の点指標の値、たとえば次数 k_i、パス長 L_i、クラスター化係数 C_i、点媒介性 B_i（これらの語の定義については第4章を参照せよ）、あるいはこれらの指標のあるカテゴリーや集団全体の平均値を求めるのもよい。点の値の分布と、個体について集めた生態学的・行動学的・表現型的・遺伝的情報との間の相関関係を調べるのもよい。（これらが「点属性」と私たちが呼ぶものだ。）同様に、点の値が適切な帰無モデルによる予測値と一致するかどうか確かめるのもよいだろう。またたとえばネットワーク指標の実測値が、個体間のインタラクションやアソシエーションがすべてランダムに生じると仮定した場合の期待値と有意に異なるかどうかを知りたい者もいるだろう。あるいは他人がしていることに縛られず上述のものは何一つしなくてもよい。そしてネットワークに表現された生物学的情報をもっと簡潔に把握するための新たな手段や手法の発見に努めるのもよいだろう。

　それでは第1章で議論に用いた架空のネットワークに立ち戻って、これらがどのように達成できるか探求しよう。架空生物（*Commenticius perfectus*）を生み出した私たちはこの生物についてのすべてを知っており、手持ちのネットワークは絶対確実に正しいと仮定する。図5.1aのネットワークにおいて、点の形はこの動物の性を、点のサイズは体長（連続変数をとる特徴なら何でもよいのだが）を表す。ネットワークの定量化の方法が既知として、この集団の社会構造について何がわかるだろう。まず L や C の平均値（$L=3.17, C=0.35$）が得られるのだから、4.6節の式を用いて点と辺が同数のランダムネットワークによるこれらの期待値（$L=2.39, C=0.175$）と比較することができる。そしてこのネットワークは「スモールワールド」性（4.6節を参照せよ）をもつと推論するのは、少なくとも的外れということはない。

　UCINET のようなコンピュータパッケージがまとめて算出してくれる、標準

偏差やさまざまな構造指標の歪度といった統計量を利用すれば、ある指標のネットワーク中の分布の仕方の理解に自信を深められる。

しかしもう少し野心的になってみよう。C. perfectus を連続二期間研究できたとしよう。最初の期間の観察から図 5.1a の社会ネットワークが描かれた。次の期間でも同じ個体を観察し（もちろん全個体が生き残り調査地に残留していたの

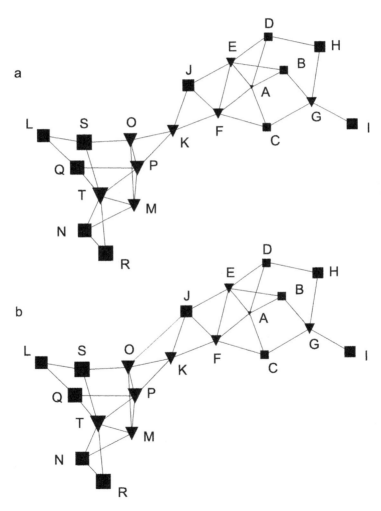

図 5.1 C. perfectus の架空集団の社会ネットワーク (a) と、O と J の間に辺を追加した同じネットワーク (b)

点ベース指標の統計検定

だ）、今度は各個体の寄生虫保有量を調べた。捕獲が簡単なのは、自己引っかき行動を多くしていて注意がそれている個体だ。初日に三個体を捕獲した。個体Kの寄生虫がもっとも多く、個体F、個体Oと続いていた。その時点で、前の期間のネットワークではKの点媒介性が高く（実際最大だった）、Fの点媒介性はそれより低く、Oはさらに低かったことに気づいたとする。この事実は興奮に値する—私たちは、将来の寄生虫保有量を予測するネットワーク指標を発見したのかもしれない！　さらに言えば、その予測因子がネットワーク中心性指標の一つである媒介性だったということは、社会構造における中心的位置の占有には、潜在的コストが伴われることを示唆するのである。

さてそろそろ本章の最初の注意喚起をする頃合いだろう。注意はいくつかあるが、それらにいらつかず、有用とみなしてほしい。近い将来、「もし…でも…」といったあいまいな部分は解決され、ネットワーク統計分析の標準的方法が確立し、クリック一つで利用可能になることは確実だ。今の段階でのねらいは、動物の社会ネットワーク分析に過度に熱中しすぎずに、ネットワーク指標の扱いを方法論的に優れたものにしてゆくことだ。

それでは架空の集団の話に戻ろう。最初の注意点は「標準的」統計量に慣れていれば当たり前のことだが、少数の点の値（記述統計）を分析のベースに用いることへの懸念である。ネットワーク分析が少数の点の値に対しいかに過敏でありうるかを説明するために、次のような場合を想像してみよう。最初の調査期間に、個体Oと個体Jがまさにインタラクトしようとしたその瞬間にくしゃみをしてしまって、彼らの間に生じたはずの辺を加え損ねてしまった。このたった一回のインタラクションを観察してさえいれば、ネットワークは図5.1bになったはずだ。表5.1はこの追加の辺の存在が各個体の点媒介性の序列（最大値から順に並べてある）に及ぼす影響を示している。捕獲した三個体（K, F, O）の媒介性がまったく異なる順序になっており、したがって結論もまたまったく異なるものになってしまうことだろう。

たった一本の辺が点指標の詳細を変えてしまうというこの由々しき可能性に対する解決策は、個体ではなくカテゴリーを分析対象として相関関係や傾向を見出すことだ。表5.1で太字はメスを表しており、元のネットワークでも「くしゃみで修正された」ネットワークでも、メスの方が序列中で媒介性の高い位置を多く

表 5.1
上行：図 5.1a における点の点媒介性の序列（最大値を最初に配置）。下行：図 5.1b における O と J の間に辺を追加した場合の序列。太字はメスを表す

K	**F**	P	**O**	C	T	**E**	G	J	**A**	D	**M**	S	Q	B	H	N	L	I	R
F	**O**	K	J	P	**E**	T	C	G	**M**	S	D	**A**	B	Q	H	N	L	I	R

占めていることはすぐにわかる。したがって「メスはネットワーク内のより中心的な位置を占める傾向がある」ことを示し、その傾向と寄生虫保有量やその他の生物学的特徴と関連づけることを考える方が、各個体の値から多くの事実を引き出そうとするよりも安全なのである。

表 5.1 のデータが、慣習的な各点の属性ベース指標から得られたものでありさえすれば、「メスがオスよりも高い値をもつ傾向がある」ことを示すのは簡単なことだ。それは Mann-Whitney 検定（Fowler, Cohen, and Jarvis 1998）やその他の単純な方法で十分だ。しかしネットワークの場合、点の値は互いに独立ではない。図 5.1a における個体 K が高い媒介性をもつのは、*C. perfectus* のペアの間のすべてのパスが K を経由するためだ。しかし同じパスはすべて個体 P または O も経由している。つまり、これらの個体も比較的高い媒介性をもつのは、同じ情報にもとづいているためなのである。

本章でもっとも強調すべき点はここだ。ネットワークのデータが相互に関連性をもつために、統計的有意性を検定するのにもっとも生産的な（信頼できる）方法の一つは、ある種のランダム化検定を用いることである。本章でさまざまなタイプのランダム化（またはモンテカルロ法）検定を提示し、第 6、7 章で再び用いる。ではそれらを紹介してゆこう。

5.2 ランダム化手法の本質

ランダム化検定の本質的考え方は、データセットから生成された特定の指標を検定統計量として用いるということである。指標は次数、クラスター化係数、あるいは別の点ベース指標などでありえるが、何であれ本章では A として参照する。A 値が偶然に生じるかどうかを判定するのがねらいである。それにはまず、コンピュータを用いて実測データをシャッフルし、ランダム化したデータを生成

するのである。このシャッフルでは、A を生み出すデータにおける生物学的（またその他の）構造のすべてをランダム化する。（本書でいうモンテカルロランダム化検定とは、拘束シャッフル（constrained shuffle）を用いたランダム化検定である。データ構造の一部をランダム化し一部を保存するのである。この検定の要点は、何をランダム化し何を保存すべきかだが、それには今は立ち入らない。データをランダム化する検定法はたくさんあるが、名前に惑わされることはない。本書では、何をランダム化して何をそのまま残しておくのかという本質について理解してほしい。）

用いる方法が何であれ、ランダム化したデータセットはそれぞれ実測データセットと同様に分析し、ランダム化した場合の A 値を求める。この過程を反復し、ランダム化せずに保存した特徴を反映しているとした場合に期待される A 値の分布を得るまで続ける（1,000 回が標準）。そして真の A 値が、得られた分布の 5% より外側にあるなら、この値がランダム化した A とは統計的に有意に異なると判断し、ランダム化した特徴によって影響を受けていると考えるのである。Manly（1997）は、モンテカルロ法やブートストラップ法（Good 2000）といった他の関連する方法を含むランダム化の手法について優れた説明を行っている。

本章と次章では、ランダム化検定とモンテカルロ検定を多用する。「集団切り出し法」を用いて構築したネットワーク構造を解明しようとする場合には、一部関係してくる。しかしまずは図 5.1 の C. perfectus の架空ネットワークの例に戻って、アイディアを応用してみよう。表 5.1 でオスよりもメスが左側の位置を占めている（つまりメスの点媒介性がオスより高い）のが本当であることを示したい。検定統計量（A）をメスの媒介性の指標とする。指標としてメス間の媒介性の平均値を用いるべきなのか、中央値を用いるべきなのか、あるいは値自体よりも順位を用いるべきかについては検討の余地がある。しかしここでは検定統計量 A をメス 9 頭の媒介性の中央値とした場合を掘り下げてみよう。

図 5.1a のネットワークでは $A = 25.9$ である。さて何をランダム化するかを決めなくてはならない。このケースでは図 5.1 のネットワークを考えると、媒介性の高い点（個体）はメスという傾向がある。これが正しいかどうかをみるためには、どの点がどの点とアソシエートしているかをランダム化しさえすればよい。つまり点ラベルをランダム化すればよい。これは比較的簡単に実行できる手続き

で、たとえば POPTOOLS という EXCEL のアドインプログラムにある「resample」という機能を用いて実行できる（詳細は第 1 章の Box1.1 を参照せよ）。POPTOOLS を用いて図 5.1 の点ラベルを 1,000 回のランダム化を実行すると、ランダムにメスとラベル付けした九個の点の媒介性の中央値は 14 事例だけが 25.9 より大きいと判定される。つまり $A = 25.9$ は統計的に有意な外れ値（P 値は 14/1000 = 0.014）であり、メスはオスより高い媒介性をもつ傾向があると判断できる。もちろん架空の完全データを分析しているときでも、ここで分析を止めてはいけない。この特殊なネットワークでは当てはまることのように見えても、メスがオスよりも高い媒介性をもつということが *C. perfectus* という種一般に正しいのかどうかは、反復なしには何も言えない。

　この単純な例でみてきた考え方は、現実の動物社会ネットワークの分析にも用いられている。たとえばルソーはハンドウイルカ（*T. truncatus*）の社会ネットワークを用いて、特殊な（稀な）非音声シグナルを出すオス・メスは他のオス・メスに比べて有意に大きい点媒介性をもつ傾向のあることを確かめた（Lusseau 2007）。彼はこの点ベース分析を用いてこの種内の意思決定における社会的地位の役割についての仮説を提唱した。

　架空の例から学ぶべきことは二つある。第一に、点指標の中にはわずかなサンプリングエラーにきわめて敏感なものもあるため、たとえサンプリングプロトコルに自信があったとしても、少数の点に対するそうした指標の大きい小さいについて多くのことを結論づけたりしないようにするのが賢明だ。第二に、社会ネットワークの実測パタンの有意性検定をする場合、ネットワーク内の異なる個体は互いに完全に独立というわけではないため、標準的な統計手法を用いるのは問題である。実測ネットワーク指標をデータのランダム化を繰り返すことで生成したネットワーク指標と比較することでそれは可能になる。

5.3　サンプリングプロトコルの統制

　本章の始めに *C. perfectus* の架空ネットワークを選んだ理由の一つはもちろん、みなが望む単純な例だからだ。たとえインタラクションの見逃しや個体識別の誤りといった「サンプリングエラー」がなくても、現実の状況を観察する場合には、サンプリングプロトコルは社会ネットワークの構造に（ときには重大な）

影響を与える。その統制なしに生物学的意味を推論するべきではない。たとえばある個体が観察（あるいは再捕捉）された回数は一般に、観察期間の行動とは無関係に、ネットワーク内の位置やその結果としてのネットワーク指標に影響を与える。あるカテゴリーの動物が、他の動物より十倍も目につくなら、その動物のネットワーク次数が他の動物の次数の二倍だったといっても驚くようなことではない。個体の観察回数といったデータの重要な特徴を保存したうえでモンテカルロシミュレーションによるランダム化検定を実行するのは、まさにこうした場合である。こうしたランダム化は本来、社会的インタラクションやアソシエーションの「帰無モデル」なのである。

　ある個体が観察された回数におけるばらつきに関わる問題は、事実上私たちが思いつく限りの野生動物の観察すべてで発生する。しかしネットワーク理論の動物の集団への応用ではこれまでもそうだったように、「集団切り出し法」を用いて構築されたネットワークには、その構造により重大な制約がかかっている。グループサイズの分布と実測のグループそれぞれがネットワークに完全に結合するクラスターを生み出すという事実が、点ベース指標に重大な影響を与える。第4章ですでに議論したように、集団切り出し法を用いて構築されたネットワークは完全な結合をするグループとなり、そしてそれは多くの三角形を含むためにクラスター化係数が常に高くなるのである。

　最近の文献におけるグループベースの動物の社会ネットワークの流行と、集団切り出し法を用いて分析可能な多くのすばらしいデータが存在するという期待もあるので、本章の残りはそうしたネットワークでの点ベース指標の検定に充てよう。

グループベースデータをランダム化する二つの方法

　すると問題は、単純な点ベース指標（L, C, k, B など）や性など異なるクラスにわたるこれらの指標の分布が、サンプリング方法の単なる産物ではなく、グループベースの動物の社会ネットワークにおいて生物学的に意味のあることを表していると信じるにたる表現になっているかどうか、ということである。現時点での最善の方法は、データをランダム化することである。つまりグループ構造と再捕捉率を保存し、グループ内であるペアが共在する傾向をランダムにするのである。その実現には方法が二つあるが、それらは少し違ったシナリオで発展して

きた。いずれも本質は、点ラベルではなく辺をランダム化する、ということである。つまり一対ごとの関係をある方法で再分布させるということだ。5.2節の点ラベルのランダム化と同様に、基本的前提となっているのは、実測の社会構造とグループや集団の全個体を互いにランダムにインタラクトさせて得られる社会構造との比較によって、実測データが偶然によっても生じ得るかどうか検証できるという考えだ（Manly 1997）。仮説を検定するために、自分の関心に合う検定統計量（本章では点指標の一つ）を選ぶ。そのうえで、コンピュータ上で個体間のランダムなインタラクションをシミュレートするのである。各シミュレーションで検定統計量を計算し、値を順位づける。最後に検定統計量の実測値と（シミュレーションで）得られた値とを比較する。両側検定なら、実測値がシミュレーションの値の分布の左右2.5％に当たる値のいずれかを超えていれば、実測パタンが偶然生じたという帰無仮説を棄却できる。片側検定なら（つまり実測値が両側の分布のうち一方だけにあると予測される場合）、帰無仮説が棄却されるのは、実測値が分布のアプリオリに予測された側の5％以内にある場合だ。余談だが、実測データの非ランダム性を検証することは実測パタンのより詳細な検討のためのスタート地点にすぎず、それ自体が終点ではないことを忘れてはならない。

　最初のうちは、手持ちの実測データセットのランダム化を実行する方法は一つしかないと考えがちだ。実際にはたくさんの方法があり、適切なランダム化方法の選択は実測データから導ける結論の深さに重要な意味合いをもつ。したがってどのようにネットワークをランダム化するか、とくにランダム化プロセスにおいてデータセットのどの特徴を保存するかは、注意して決めなければならない（Whitehead and Dufault 1999；Whitehead, Bejder, and Ottensmeyer 2005を参照せよ）。もっとも当たり前のランダム化戦略は、実測ネットワークを単純に再結線することで、実在する辺を取り上げてゆきランダムに選ばれた二点間にその辺を配置してゆくというやり方だ。このやり方で生成されるネットワークは、一対ごとのアソシエーションの数は保存されるが、それ以外、もちろんグループサイズの分布などは保存されない。後で見るようにこのことがネットワーク指標に大きな影響を与える可能性が高い。

　先に進む前に、あるネットワークに表されている一対ごとの関係の数（P）と辺の数（E）の違いを明らかにしておこう。重み付けなしのネットワークでは、

$E=P$ である。この場合に単純な再結線ランダム化戦略を用いると、4.6 節でエルデシュ＝レーニィランダムネットワークとして紹介したネットワークが生成される。同じ辺は最大一回だけしか選べないようにすると、ランダム化したネットワークも、上述したように元のネットワークと同じ E（と P）となる。しかし手持ちのネットワークがグループメンバーシップと対応している場合、あるペアは一回以上共在していることもありうる。点の間に複数の辺を引くのではなく、データ中そのペアの共在回数と同じだけ重み付けをした辺を一本引くことで、このことを表現できる。すると辺の数 E は常に一対ごとのアソシエーションの数 P 以下となる。さてここで次のような選択肢がある。E 本の辺をランダム化するのか、それとも P 回のアソシエーションをランダム化するのか、である。前者はネットワークの辺をランダム化し、後者はアソシエーションをランダム化する。ここでは元のデータセットに戻って考える後者に集中しよう。この場合ランダム化したネットワークは元と同じく重み付けのあるネットワークであり、二点が結合しうる回数を制限する意味はない。今ランダム化によって P を保存し、E を保存しないものとする。P 回のアソシエーションを再結線するこの方法を本章では以降「自明ランダム化（obvious randomization）」または「OR」と呼ぶことにする。

　これから紹介する二つのランダム化の方法は、上に概説した単純な OR 再結線法よりもうまくいくように工夫されている。どちらもグループベースのデータセットのうちとくに重要な二つの特徴、グループサイズと再捕捉率（各個体の観察回数）を保存する。このランダム化は一対ごとのアソシエーションのレベルで行うのではなく、グループのメンバーシップをランダム化し、そのランダム化したグループの全個体を結合してネットワークを構築するのである。

　第一の方法は、異なるグループに属する二個体をランダムに選び置換するという単純作業を繰り返す。グループのメンバーシップがランダムになるまで置換を続ける。この方法は Manly（1995）が生態学的問題を解決するために開発し、Bejder, Fletcher, and Brager（1998）が、グループベースデータを用いて非ランダムな社会的アソシエーションを検証する論文で取り上げた。ホワイトヘッドはこれらの論文の四人の著者をたたえ、この方法を「MBFB 法」と名づけた（Whitehead 1999）。この方法は一般に、一回に一グループを観察するプロトコ

ルで得られるグループベースの関係性データをランダム化するのに用いられてきた。ホワイトヘッドはこの方法を拡張し、たとえば全データセットの部分集合となるグループ内だけで置換を行うといった、制約の強いランダム化を考慮できるようにした。ホワイトヘッドらは、特定のクラスやカテゴリー内だけで置換を制限できるように工夫した（Whitehead, Bejder, and Ottensmeyer 2005）。こうしたランダム化はホワイトヘッドの SOCPROG プログラムで実現できる（第 1 章の Box 1.1 を参照せよ）。Ruxton ら（Hoare et al. 2000）は同様の表現型制限置換を用いて、小型淡水魚の群泳集団における寄生虫保有効果から、種や体長の効果を分離した。

　第二の方法は、James らによって開発され Ward et al.（2002）に最初に紹介されたもので、グループメンバーシップに対する一連のセンサスで収集されたデータセットにおいて、メンバーシップをランダム化するように設計されている。一回のセンサスでは、観察可能な全メンバーシップはすぐに決定される（センサスのプロトコルにもよるが、だいたい直後に決まる）。各個体はセンサスごとに最大一グループにだけ所属するものとする。この第二の方法では、実測のグループメンバーシップから始めて一対ごとの置換をするということはしない。その代わり、各センサスから全個体を取り上げ、実測グループと同じサイズのグループにランダムに再配置する。この枠組みを「GR」または「グループベースのランダム化」と呼ぼう。表現型やその他の異質性を反映させるためのグループの再編成はすべて、原理的には MBFB 法の応用という考え方で、個体の一対ごとの置換により実現できる。

　二つのランダム化技法の基礎について、14 個体の動物（A から N とラベル付けされている）が三グループ（I, II, III）に分けて描かれている図 5.2 で考えてみよう。方法 1 は、A と F、次いで H と L などなどと置換してゆく。全センサスで構成されたのが三グループだったと仮定すると方法 2 では全 14 個体を一度に扱い、サイズが 5、4、5 のグループにランダムに配置する。いずれの方法でも、ランダム化が本当にランダムで偏りないものであることを確かめるためにはある程度の計算論的な「簿記」が必要である。ランダム化は私たちの選択の特徴によって制限を受けるため、これまでに扱ってきたランダム化に対するやや微妙なアプローチが必要である。この違いは普通、手続きにもとづく検定を参照する

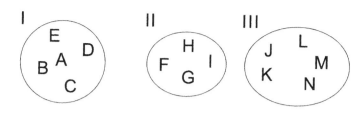

図5.2　AからNのラベルで個別に識別された14個体を含む三グループ

ことで、ランダム化検定ではなくモンテカルロ検定として表現される（Manly 1997）。そうしたランダム化をネットワーク形成の「帰無モデル」として参照するのも同じことである。

　こうした議論が方法論的すぎてつまらなくなってきたら、どのランダム化検定を用いるか、なぜ問題になるのかを立ち止まって顧みるときなのかもしれない。ランダムと言っても本当にランダムかと聞かれれば、答えはノーだ。実際的観点から言えば、5.5節でみるように、何を保存し何をランダム化するかの選択は、ネットワーク形成の「帰無モデル」における点の値に目に見える違いを生じさせる。グループサイズと再捕捉率の制約をすることで、統制すべき最重要要因の帰無モデルを構築することなく、生物学的に意味のあるデータを求めるべきではない。非ランダム性の探索それ自体はかなり細かい作業であり、生物学的観点から普通みな手持ちのシステムについてそれ以上のことを知りたいと思うものだ。たとえば一つの要因の影響を統制し、残りの要因に関しては手持ちのデータセットをランダム化して異なる要因を分離したいと思うかもしれない（Hoare et al. 2000；Whitehead, Bejder, and Ottensmeyer 2005）。検定をかける問いによって、実測ネットワークの生物学的特徴のうち、どれを保存しどれをランダム化の対象にするのかは異なる。今、個体の体長に変異のある複数種のグループ構成に関心があるとしよう。この場合、グループサイズの分布を実測と同一に保存し、種は異なるが体長が似ているグループ間でペア一対ごとのランダム化を実行する。グループ間で体長に変異がなければ、この検定でシステム内に種の選別性があるかどうかを調べられる。適切なランダム化技法の選択は、実測データに関する結論の深さに重要な意味をもつ。手持ちのデータセットに対する拘束が小さすぎても大きすぎても、関心のある対象を追及する十分な検出力を発揮できないのである。

5.4 辺をフィルタリングする

　ランダム化手法を用いてグループ由来のネットワークから生物学的に意味のある事実を引き出そうと試みる前に、乗り越えねばならない方法論上のハードルがもう一つだけある。「集団切り出し法」を用いてネットワークを構築すると、ありうる（Hinde 1976 が用いた意味での）「関係性」を表現しない辺をたくさん含み込んでしまうことになると、これまで何度も指摘してきた。それにもかかわらず、こうした「望まれない」辺は点指標すべてに影響を与えるし、指標が伝える有用な情報を曇らせてしまう可能性がある。有意味な社会的インタラクションを表現しているとは思えない辺にはフィルタリングをかけて、どうにかすべき時だ。情報を切り捨ててしまうわけだから、いろいろな意味で面白くないステップに思えるだろう。しかもたとえば「弱い紐帯の力[ii]」（Granovetter 1974）も情報拡散の研究でよく知られている。しかし集団切り出し法を用いる場合、グループメンバー間の恣意的結合を、弱いが本質的に重要という辺と弁別する方法はないのである。したがって動物のペア間またはグループ間の強いまたはコアとなる結合と一致するものが、グループ由来のネットワーク内に探し出せるパタンの中でもっとも安全なものだということを、受け入れるべきだと考えるのは合理的だ。

　この立場をとれば、フィルタリングに関しては「多いほど楽しい」と期待される。フィルタリングによる辺の選択で、実際に考慮しようとする辺が残ってくれるなら、できるだけ厳密にして他を除去するとよい。反対にそんなに強くフィルタリングしてしまうと分析できるものが何も残らないという場合もある。ランダム化技法に関していえば、近い将来の改善が期待されるものの、簡単で一般に受け入れられているグループ由来のネットワークをフィルタリングする方法は、今のところまだないということは繰り返し強調せねばならない。本節で紹介する二つの方法にはそれぞれ賛否両論があるが、少なくともこの問題についての議論の叩き台にはなるだろう。

　第一の方法は、イルカの社会ネットワークの分析を行った一連の論文（Lusseau 2003；Lusseau et al. 2003；Lusseau and Newman 2004；Lusseau et al.

[ii] 訳注：弱い紐帯の力（the strength of weak ties）とは Granovetter, M. S.（1977）の論文のタイトルであり、この名で有名になった概念

2006）で用いられた方法で、SOCPROG を用い、5.3 節で概説した MBFB 法により実測ネットワークをランダム化する。この分析ではまず観察閾値（observation threshold）（3.4 節を参照せよ）を適用し、稀にしか見られない個体を除去する。次いで、ランダム化によりイルカのネットワークを構築する。各辺の「二者間 P 値（dyadic P-value）」を計算し、その辺のアソシエーション指標（第 3 章の Box 3.3 を参照せよ）、ここでは「半荷重指標（half-weight index：HWI）」を検定統計量として用いる。辺の HWI が右側 2.5% に入っているか（Lusseau et al. 2003）、ランダム化した HWI 値（MBFB 法で生成する）の 5% に入っていれば（Lusseau 2003）その辺を残し、イルカの社会ネットワークを描く。他の候補となる辺はふるい落としてしまう。

　このアプローチはかなり魅力的だ。アソシエーション指標を利用することは、望まない辺をたくさん生み出してしまうことまで含めて、サンプリングの偏りの効果を改善するのに役立つ。関係性データセットを扱う場合には、ランダム化を利用するとよい。SOCPROG はフリーで使えるし、計算上厄介な細かい点もほぼ考慮されている。また「難しい」統計的問題をネットワーク構築の段階で扱えれば、ネットワークのその後の分析がはるかに簡単になる道が開けている。この方法は、第 1 章の始めに概説した一番目の基準を通過しているように思われる：すなわち、妥当な統計的手法にもとづいて辺を選択すると、観察しているシステムの「当の（the）」社会ネットワークが生み出され、後でそれを分析できるという基準である。このようなやり方で、生物学的に興味深い多くの事実が探究され（たとえば Lusseau and Newman 2004；Lusseau 2007；Lusseau et al. 2006）、動物のシステムにおけるネットワークアプローチが開拓されてきたのである。

　残念ながらこのプロセスで現れる統計的偏りは頑健なものではない。ホワイトヘッドらは、二者間 P 値の計算によってネットワークを構築する方法は「概念的に無効」であると指摘した（Whitehead, Bejder, and Ottesmeyer 2005）。彼らによれば「二者間 P 値を二個体間の関係性強度の指標に用いるべきではない。関係性強度はアソシエーション指標それ自体で表されるべきなのだ」。P 値はすべてサンプルサイズと効果の大きさ（この場合には HWI）という二つの要因に由来するため、これらが統制可能でないかぎり、P 値のどれだけが一方の要因によるのか知りようがない。二者間 P 値を、ある辺をグラフ上に残すことの有意

性の決定に用いるのは安全だが、多くの辺のP値同士を比べたり、その比較をネットワーク内における辺の採否の根拠に用いたりするのは危険だ。

　こうした議論は読者には些末なことにすぎないと思えるかもしれないが大切だ。現時点での状況は、この道は深く探究してゆく価値があり、それを推奨できるほど多くの特徴をもっている、ということだ。後述の「アソシエーション強度」のような単純なものではなく、適切なアソシエーション指標（AI）を用いて辺の相対的な重み付けの指標とするのは賢明な考えだが、二者間P値が信頼できないとなれば、観察閾値とAI閾値の選び方はともにかなり恣意的となる。ルソーが、手持ちのネットワークと平均HWIにもとづいて辺の採否を決めたネットワークとを比較する際に、ある程度方法論上の恣意性を認めたことは意義深い（Lusseau 2006）。この分析に限っては幸運なことに、フィルタリングをかけたネットワーク両方についてよく似た結果となる。もちろん二者間P値の問題はMBFB法のランダム化を用いることを否定しているわけではない。ごく最近、ルソーらはMBFB法のランダム化技法をより頑健に用いる斬新で興味深い方法を開発した（Lusseau, Whitehead, and Gero 2008）。

　淡水魚のネットワーク分析などでは（まずネットワーク構築、次いでその分析という）「二段階（two-stage）」プロセスを採らず、実測ネットワークと、データのランダム化により構築されるネットワークとを直接比較する方法を用いることが多かった。その際には5.3節で概説したランダム化アプローチの第二の手法を用いたのだが、それは些末なことなので置いておこう。この場合「アソシエーション強度」（association strength：AS）、つまり二個体が共在した（センサス）回数を辺の重み付けの指標として用い、辺のフィルタリングを単純化してAIの閾値として整数値を用いた。「AS3」フィルタは、三回以上共在した関係性を表す辺だけを残す。ルソーの方法では、フィルタリングで残った辺には、その後の分析で重み1をもたせ、ふるい落とされた辺は重み0をもつものとして扱われた。この単純な描画については、図5.3を参照せよ。

　ASフィルタの使用はとても単純という利点に加え、ランダム化するのは生物学的データでありネットワークではないということがこのアプローチの重要な点だ。選択された二個体間の辺は、あるランダム化で出現するかもしれないし、しないかもしれないが、このことは各辺のネットワーク指標に対する統計検定によ

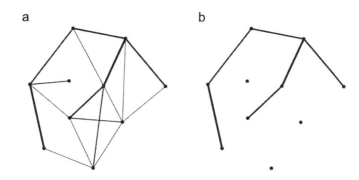

図 5.3 線の太さで辺の重みを表した単純な重み付けのあるネットワーク（a）。閾値 T 以上の重みをもつ辺だけを含むようフィルタリングしたネットワーク（b）。フィルタリングしたネットワークの辺は単位荷重をもつと仮定する

り対処できる。不都合な点としては、AS 値はカットオフ値（cutoff）としては粗悪であり（アソシエーション指標はすべて適切に用いられるとしても）、少なくともこの段階では、かなり恣意的だということである。図に現れる辺の数 E はこの「一段階（one-stage）」ランダム化手続きによっては保存されず、そのことが得られるネットワーク指標に影響を与えるということが重要だ。しかし、以下の事例で明らかにしてゆくように、これらはすべて監視できる。

5.5 アソシエーション強度でフィルタリングをしたアカシカのネットワーク

ここでは、あるデータセットを用いてランダム化（モンテカルロ検定と言ってもよい）や、「集団切り出し法」により構築された動物の社会ネットワークを分析する際の、辺のフィルタ強度の選択に絡む問題を説明しよう。みなが従うべき手順を紹介する意図はなく、分析をきっかけとして、これら二つの問題を考慮に入れることの重要性に注目し、社会ネットワークを体系的に解体することで、どうしてそのように見えるのかについてよく理解してほしい。前節の最後に説明したように、辺のフィルタリングは AS のカットオフ値の選択にもとづく。（辺にフィルタリングをすることによって）ネットワークに入れる刈り込みの強さの決定に関する適切な経験則について考えることで、関心のある生物学的問いを明らかにできるようにすることが補助目的である。

モデルデータは、ティム・クラットン＝ブロックが提供してくれたラム

（Rum）島のアカシカ（*C. elaphus*）集団に対する長期調査の断片である（Clutton-Brock, Guinness, and Albon 1982）。この研究で収集されたのは、通常の目視センサスによるシカのグループメンバーの識別情報を含む。描画用のデータセットは、1990年1月から5月にかけての26回のグループメンバーシップのセンサスから抽出した。シカ342頭（メス212頭、オス130頭）による「初発ネットワーク」にはすべての辺が含まれる。ASフィルタのカットオフ値をさまざまに変動させると、平均次数（k）、点ベースパス長（L）、クラスター化係数（C）、点媒介中心性（B）に何が生じるかをまず検証しよう。（本書ではネットワークの全体の中心性を特徴づける指標を一つだけ選ぶということは控えてきたが、これまで便宜的に用いてきたように、点の値の平均ではなく広がり（spread）にもとづいて指標することができることを付言しておこう。そうした広がりの指標（ばらつき variance）は、ネットワーク「集中度（centralization）」[iii]と呼ばれる（Wasserman and Faust 1994））。次いで、アカシカは社会行動に性差があることが古典的に知られる種であるため（Clutton-Brock, Guinness, and Albon 1982）、点ベースネットワーク指標にも性差を示すものがあるという仮説の検証を試みよう。ネットワークにおけるその正しさは、ASフィルタのカットオフ値の関数として検討する。

　結果の統計的有意性の検定のために、二つの異なるモンテカルロランダム化による結果と比較する。第一のものは5.3節で紹介した「自明」ランダム化（OR）で、元データから全確率Pの一対ごとのアソシエーションすべてを抽出し、ランダムに選択された二点間にそれぞれを配置するのである。第二のものは、グループベースセンサスランダム化（GR）であり、これも5.3節で説明したが、グループサイズと観察頻度を保存する方法である。ランダム化したネットワークの構築には実測ネットワークとまったく同じ方法を用いる。つまり、シカiとシカjが同一グループで観察された回数を成分W_{ij}とした「重み付けのあるアソシエーション行列」**W**（4.7節）を（実測・ランダム化の両方で）構築するのである。次いで重み付けのないアソシエーション行列**M**を作る。ASフィルタ値がTの場合、W_{ij}がT以上であれば$M_{ij}=1$、Tより小さければ0とする（5.3節を参照せよ）。最後に**M**を分析して点の値を計算する。

[iii] 訳註：中心化傾向ともいう

点ベース指標の統計検定　　*121*

　第3章のアドバイスどおり、まずネットワークを視覚化しよう。図5.4a は元のネットワークのうち 46 点だけを含む小断片であり、いずれかのセンサスで一度でも同一グループで二頭が観察された場合にはその点の間に辺をもたせてある。本章の言い方では、「AS1 ネットワーク」の断片である。（全 342 頭の完全な

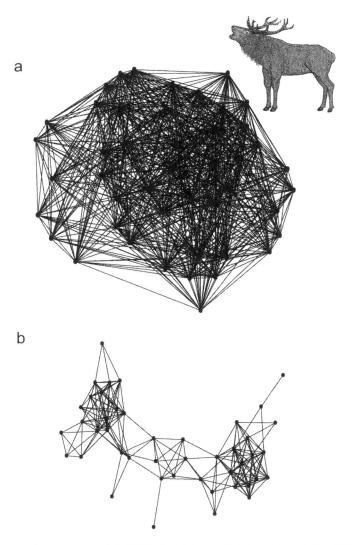

図 5.4　グループベースデータから構築したアカシカの社会ネットワークの小部分。(a) はフィルタリングしていないネットワーク。(b) は最小アソシエーション強度（AS）を 6 としてフィルタリングした同じネットワーク

AS1 ネットワークは点と辺がぐちゃぐちゃになってしまうため、便宜上ほんの一部分だけを表しているのである。）比較のために、図 5.4b で同じ 46 点の AS6 ネットワークを表した。26 回のセンサス中少なくとも 6 回同一グループで見られた二個体間にだけ辺を残し、フィルタリングの過程で孤立した点は除外した。

　AS1 ネットワークは、少なくとも視覚的には乱雑（全 342 点を含めたものの見栄えにはとても及ばないが）だということは、まず指摘できる。このグラフを見たところでネットワーク構造の検証の役に立ちそうにない。つまり集団切り出し法によって生み出された辺の数が多すぎるのだ。対照的に AS6 ネットワークは、選んだ点の部分集合、（図に描かれてはいないが）点の全体集合のいずれにとっても、視覚的にすっきりしている。弱く相互結合した点の塊（第 6 章を参照せよ）について識別できる構造が含まれていて、見る人の注意を引きつけ、もっとよく調べてみたいと思わせる。しかしこの段階で AS6 ネットワークの方の分析を選ぶのは、「見栄えがいい」ということ以上に何ら正当な理由はないのである。

点の値の平均

　図 5.5 に、AS カットオフ値 T を 1 から 7 まで増加させた場合の次数（k）とクラスター化係数（C）の全 342 点の平均値をプロットした。この図と次の図において、実測ネットワークの値はひし形（◆）で、100 回の OR 型ランダム化で得られた値を四角（■）で、100 回の GR 型ランダム化で得られた値を三角（▲）で表した。（ラム島のアカシカ個体群について何か主張したいことがあるなら 100 回のランダム化は多いとは言えないが、この節で肝心な問題を提示するには 100 回で十分だ。議論のために、実測の点指標がランダム化した値の上位または下位三位以内に入った場合、ランダム化した値と統計的に異なると判断することにする。）

　これらのプロットから何がわかるだろう。まず平均次数を取り上げてみよう。この場合二つのランダム化の間にはあまり違いはないが、どちらも実測値とはすべてのフィルタ強度で（上述の基準により有意に）異なっている。AS1 では k（ランダム）＞k（実測）だが、2 以上の AS カットオフ値 T でも同様だ。この例を用いると「反復アソシエーション（repeated associations）」の含有率についての理解が深まる。実測ネットワークにおいては、辺は重み付け 2 以上のものが多

点ベース指標の統計検定

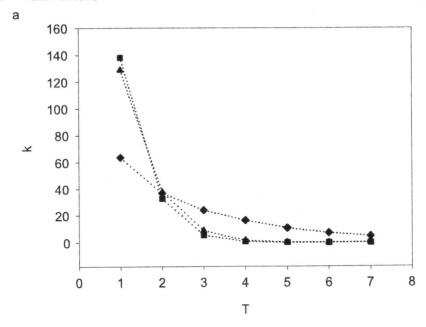

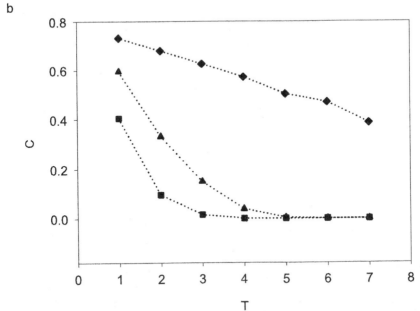

図5.5 1990年のシカのネットワークにおける AS 閾値 T と平均次数（a）と平均クラスター化係数（b）。ひし形（◆）は実測データ、四角（■）は100回の OR ランダム化によるデータ、三角（▲）は100回の GR ランダム化によるデータを表す

く、またそうした辺は比較的少数のペアにのみ集中している。ランダムネットワークでは同数の辺が均一に広がり、辺の数は $T=1$ で多く、高い T 値で少ない。この実測とランダムの平均次数の違いが潜在的に意味するところは大きい。つまり、同一グループ内で、あるペアが偶然による期待値以上の頻度で共在することで、彼らをそこに位置づけている原因（生息地の選好や主体的選択など何であれ）について示唆を与えてくれる。

図5.5bは平均クラスター化係数の計算結果を表している。実測ネットワークの値は T の増加とともに減少してゆく。これが意味するのは、弱い辺を除去してゆくと、それだけ三角形を分解することになるので、残っているのはたった一度のグループの共在メンバーシップ（co-membership）によるものではない、ということだ。OR、GRランダム化で得られる値は $T=4$ ほどまでまったく異なる。GRではグループサイズを保存するので、高い「センサスレベル」でクラスター化する。それにもかかわらず実測ネットワークではモンテカルロ検定による期待値よりもクラスター化している。また実測値とランダム化した値の間の違いはすべて統計的に有意であり、潜在的にシカ個体群の社会構造について興味深い情報を含むと考えられる。

二つのランダム化による C の平均値は、T が5や6以上に増加すると、どちらもほぼ同じとなることに注意しよう。フィルタリングによって辺を除去してゆくと k が減少するということを反映している。最終的に k が2以下程度となると三角形の現れる確率（2以上の次数をもつ隣接三点が必要）は劇的に減少し、クラスター化係数は0になってしまう。この値を超えてしまうと、ネットワーク（とくに残りの辺が少なくなった対応するランダム化ネットワークに）にフィルタリングをかけすぎてそれ以上分析できなくしてしまうかもしれない。

ネットワークの分解は「到達可能ペア」（4.2節）間の平均点パス長 L とパス長に由来する媒介性 B をプロットしてゆくと顕著となる。図5.6を参照せよ。これらの指標は T が増加すると最初は増加するが、これはフィルタリングによって点間を直接つなぐパスが除去され、そのため最短パスはう回して長くなることを反映している。T がさらに大きくなるとネットワークは二つ以上のコンポーネントに分裂し、それらのコンポーネント内のパスを反映して L と B の値は再び小さくなる。ある T 値においては実測ネットワークよりランダム化した

点ベース指標の統計検定

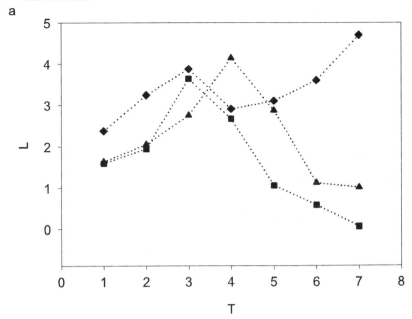

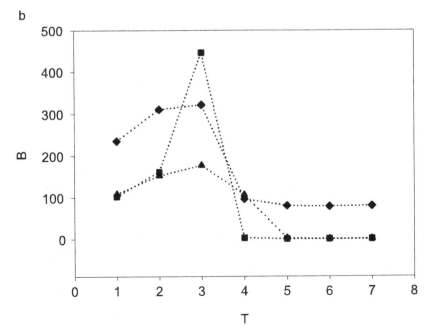

図 5.6 1990 年のシカのネットワークにおける AS 閾値 T と到達可能ペア間の平均点パス長 (a) と点媒介性 (b)。ひし形 (◆) は実測データ、四角 (■) は 100 回の OR ランダム化によるデータ、三角 (▲) は 100 回の GR ランダム化によるデータを表す

ネットワークでこの現象が生じやすい。というのもランダム化したネットワークは実測のものより少数の辺しかもたないからだ。(目安としては、巨大なエルデシュ＝レーニィランダムグラフは平均次数が1を下回ると崩壊する［4.2節またはNewman 2003aを参照せよ］。ここでランダム化したネットワークはより構造化されているものの、kが減少するとやはりある段階で二つ以上の大きなコンポーネントに分裂する。) フィルタリングがネットワークを壊してしまう潜在性と、すべてのランダム化でこのことが生じるわけではないという事実が意味するのは、実測値が統計的に大きい・小さいということを議論する際にはLとBのいずれも、kやCよりも注意して扱わねばならないということである。

この段階で気づいたことを一般化するのははばかげているが、図5.5、図5.6で描かれた点の値すべてのプロットで、小さな淡水魚のネットワークにおけるTの関数と量的にかなり似たパタンが観察された。実際、クロフトらは、トリニダードグッピー（*P. reticulata*）の社会ネットワークの研究に、k（実測）とk（GR）の違いを用いた（Croft et al. 2004a；2006）。もっとも、少し違う形で表したのだが。「永続ペア（persistent pairs）」（ASが3以上の辺をもつペアとして定義）の数がグループ保存（GR）ランダム化検定による期待値より大きくなることが見出された。これが意味するのは、AS3における平均次数は顕著に大きいということである。この節では、ASカットオフ値Tの広い範囲でアカシカのネットワークでも同じ結果となることを見出した。クロフトらは、永続ペアと性の関係について分析を進め、メス間のペアでのみ帰無モデルの期待値以上の頻度で生じることを見出し、選好ペアになることの潜在的利益について検討した（Croft et al. 2006）。

カテゴリーによる点指標の分離

フィルタリングしたネットワークにおける性差についてのバトンを受け取って、しばらくこの話を続けてみよう。生物学者として構造の背後にあるメカニズムを探求し、点指標の中に紛れる表現型の影響についての証拠を見出したい。すでに述べてきたとおり、アカシカにおいては性的分離が見出されているのだから（Clutton-Brock, Guinness, and Albon 1982）、どの点ベース指標も異性間で違わないとすればその方が奇妙だ。(逆に、すべての計量が性差を示すという理由はな

い—それはシカでは性差がどう表れるか、その計量がネットワーク構造をどう検出するかに依存する。この点を説明するために、どの個体も同数の社会関係をもつが、オスよりメスの方がクリークを多く作るような種を仮定しよう。この種の社会ネットワークは個々のクラスター化係数が性差を示すと予想されるが、個体ごとの次数は違いを示さないだろう。）この場合に、点の分類に性を用いて、点指標がカテゴリーにより弁別されるかどうかを考えよう。

図5.7aはAS3（$T=3$ でフィルタリングしていることを意味する）のアカシカのネットワークでの「到達可能ペア」間における点ベースパス長 L_i の頻度分布を表し、オスとメスを分けてプロットしてある。異性間で分離しているのは明らかで、生物学的にどんな意味があるのだろうと考えたくなる。ここでその分離が統計的に頑健かどうかを決めることが大事だ。統計的に難しいことに、データの非独立性のために単純な検定はうまくいかない。5.1節で用いたのと同様の点ラベルのランダム化を試みたくなるだろうが、この方法は社会的アソシエーションをランダム化する検定にかけるというよりも、ネットワーク構造を所与として扱うものだ。図5.7bは概説したGRの計算法を用いてセンサスごとにグループメンバーシップを一回ランダム化して得られた L_i の頻度分布を表している。ここにもある程度性的分離があるようだから、注意深く前進せねばならない。「自明ランダム化（OR）」とグループサイズと再捕捉率を保存するGRランダム化の両方を適用するのだ。計算した点の値が偶然による期待値以上（あるいは以下）に分離しているかどうかの検定には、検定統計量 u とP値にもとづく順位検定を用いる—詳細はBox 5.1を参照せよ。

図5.8はシカのネットワークでASフィルタのカットオフ値 T を1から7まで変化させたときの平均次数 k とクラスター化係数 C の検定統計量 u の値を表す。ORとGRネットワークの u 値は100回の反復による平均値である。平均パス長 L と平均点媒介性 B でも同じ結果が見出される。まず気づくのは、実測ネットワークでは辺のフィルタリングのレベルを上げると指標 k、指標 C のそれぞれが性で分離するということだ（u が0.5以上に達している）。このことは「集団切り出し法」によるネットワークをフィルタリングすると含んでいる情報を鮮明にしてくれるだろうという、最初の思い込みを正してくれる。ORランダム化による u 値はほとんど0.5で、つまりオスとメスの点の値が完全に混合し

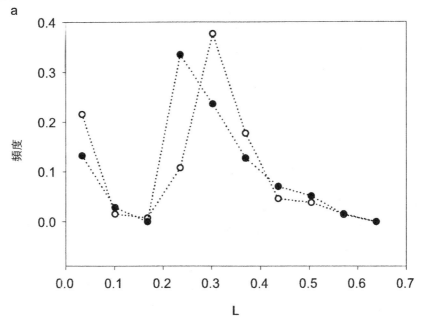

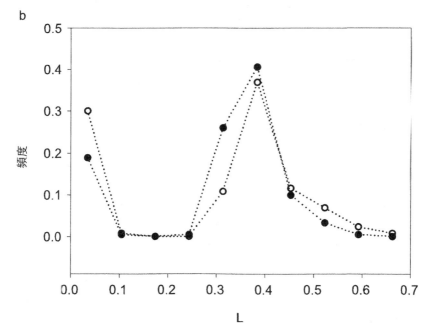

図5.7 (a) AS3でフィルタリングしたアカシカの社会ネットワークにおける点パス長の頻度分布。白丸 (○) はオスで黒丸 (●) はメス。(b) 同一データの1回のGR型ランダム化により得られた頻度分布

Box 5.1　性差についての点ベース指標の検定

　n_1 頭のメスと n_2 頭のオスがいるものとする。考慮している点指標を A としよう。与えられたネットワーク（実測のものかランダム化したもの）に対し、$n=n_1+n_2$ 個の A すべての値を（最小のものを最初として）順位づけし、メスの順位の総和 R_1 を求める。「慣習的な」Mann-Whitney 検定（Siegel and Castellan 1988）では、検定量 U は $U_1=n_1n_2+1/2\,n_1(n_1+1)-R_1$ あるいは $U_2=n_1n_2-U_1$ のいずれか小さい方として与えられる。これら二つの値の小さい方を選びことで、いずれのカテゴリーが低順位かという情報を失ってしまう。今知りたいのは、メスとオスのいずれが低順位かということなのだから、検定統計量 u は U_1 と U_2 のどちらにももとづくものでなければならない。恣意的に U_1 を選択し、それを n_1n_2 で規格化する（これは U_1 と U_2 の和である）。

$$u=\frac{U_1}{n_1n_2}$$

　この u は常に 0 と 1 の間の値となる。メスが n_1 個の最小順位を独占している場合、$u=1$ となり、オスが n_2 個の最小順位を独占している場合には $u=0$ となる。オスとメスの順位が完全に混ぜ合わさっている場合には、$u=0.5$ となる。実測 u 値が統計的に有意かどうかを検定するには、データのモンテカルロシミュレーションで得られる 100 個の値と比べることで P 値を計算する。もし u(実測)<0.5 ならば、すべての u(ランダム)$>u$(実測) であることは、u(実測) が偶然には生じないという仮説を支持する。もし u(実測)>0.5 ならば、すべての u(ランダム)$<u$(実測) であることは、同じ仮説を支持する。したがって、0.02 という P 値は、実測の点指標 A は偶然により期待される以上に性的分離していることを示し、また 0.98 という P 値は、A 値は統計的に偶然による期待される以上に性的分離していないことを示している。

ているということだ（Box 5.1 を参照せよ）。これは「ランダムネットワーク」にナイーブに期待していたことでもある。しかし、グループサイズと再捕捉率を保存してあるセンサスでどのシカがどのグループに属するかのランダム化（GR）は点の値を性で分離させるということがここでの鍵だ。したがって元のグループベースデータの構造特性の少なくとも一部を制約する帰無モデルのランダム化が重要なことが、（考えるくらいはしているかもしれないが）はっきりわかるので

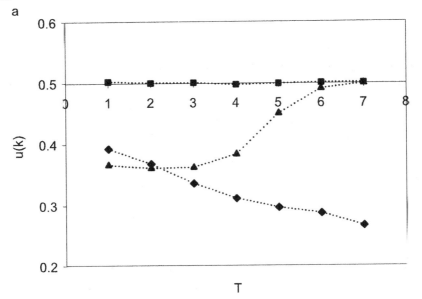

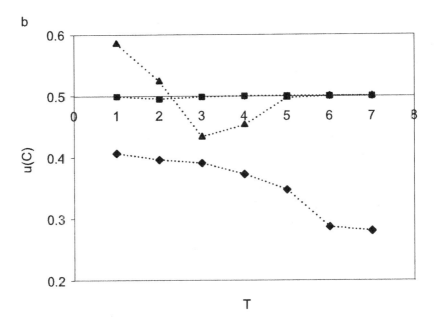

図 5.8 1990 年のシカのネットワークにおける AS 閾値 T と平均次数（a）と平均クラスター化係数（b）に対して計算された検定統計量 u。ひし形（◆）は実データ、四角（■）は 100 回の OR ランダム化によるデータ、三角（▲）は 100 回の GR ランダム化によるデータを表す

ある。

　点の値の性的分離が統計的に有意かどうかの検定には、実測 u 値とランダム化した u 値を、Box 5.1 で概説した手続きで比較する必要がある。ナイーブな OR ランダム化では、四つの点指標すべて（k, L, C, B）がどの T 値でも偶然による期待値よりも有意に性的分離しているという結論に達する。GR ランダム化の結果は表 5.2 のように、よりわかりやすい。GR ランダム化にもとづきおおよそのP値を算出した。P=0 が意味するのは、100 回のランダム化によるネットワークのすべてで実測ネットワークよりも性的分離の程度が低く、P=1 は全 100 回でより性的分離していたということを表す。

　表 5.2 は、少なくともこのデータセットでは、クラスター化係数が性のよい弁別子となることを示している。二つの中心性指標 k と B も、顕著な性的分離を示すが、それはかなり厳しく辺のフィルタリングをかけた時のみだ。残りの指標 L は P 値に関して同じパタンを示し、ランダム化したネットワークを二つ以上の大きなコンポーネントに分解して分析を混乱させる $T=5$ の瞬間をとらえている。C を除く他の指標は、フィルタリングしていないシカのネットワーク（$T=1$）では偶然による期待値よりも性的分離していない。しかし辺がグループでの共在の繰り返しを表す「コア」ネットワークは、偶然による期待値よりも有

表5.2
1990 年のシカネットワークにおいて各点指標の分布における性差が偶然によって生じると仮定した場合のおおよそのP値。検定統計量は 1990 年のシカネットワークに対して計算された u を AS フィルタのカットオフ値 T の関数として用い、データセットの 100 回の GR ランダム化を行った

	P値			
T	$u(k)$	$u(L)$	$u(C)$	$u(B)$
1	0.91	1	0	1
2	0.7	0.55	0	1
3	0.05	0.12	0.04	0.99
4	0	0	0	0.47
5	0	0.95	0	0
6	0	0	0	0
7	0	0	0	0

意に性的分離する点指標をもつ。こうした示唆はとても面白い。もちろんこれらいずれの結果が正しいのかはもっと研究しなければわからないのに、つい後者が正しいと思いたくなる。したがってここでの結論は、フィルタリングをしていないグループ由来のネットワークの分析はミスリーディングな結果をもたらすため、そうしたネットワークから有用な結果を抽出するには慎重なフィルタリングというステップが重要だということである。

アソシエーション強度によるフィルタリングの経験則

　フィルタリングが必要といっても、どれくらいだろう。一つの事例研究からあまり多くの結論を引き出すのは危険だが、集団切り出し法にもとづくネットワークに対して、どのレベルのASフィルタリングを用いるのがよいかについて、こうした努力をして経験則が導けるのかどうかを見る価値はあるだろう。残念ながら現時点で絶対確実なものは提示できないが、さらに探究が保証される解決策をいくつか提示できる。AS6辺りでのフィルタリングしたバージョンがシカのネットワークをうまく表現するという証拠が、示してきた結果の中にある。性カテゴリーでの平均の点の値やその分布は、AS6までは「うまくふるまう」が、ネットワークからすべての辺を絞り出してしまうまではしていない。

　このあいまいな議論を受け入れるなら、$T \approx 6$ をおすすめのカットオフ値とするところだ。もう少し首を伸ばして、別のアプローチも考えてみよう。第一のものは、元のシカネットワークにおける平均アソシエーション強度（共在していた個体のペアの平均回数）が2.8であるという観察にもとづく。そこで手引きとして「平均ASの約2倍でフィルタリング」してみる。もちろんASの分布のある中心値（centile）でフィルタリングすることもできるが、結局すべては恣意的なのだ。第二に可能なアプローチは、点の値の性的分離の分析でフィルタリングを強めれば強めるほどうまくいったということに注目する。前の分析で、フィルタリングを続けると最終的に辺が少なくなりすぎて検定力を失うことを見てきた。平均次数のオーダーが1程度になるとこうなる。したがって「平均次数が1より少し大きいくらいになるまでフィルタリングせよ」とは、有用な格言なのかもしれない。ASフィルタがネットワークを「巨大コンポーネント」に分解してしまう値近くに達すると、グループベースネットワークの興味深い構造が視覚的に顕

わになり始めるのである。後者のアプローチは基本的に、不要な辺、つまり集団切り出し法を用いたことによる亡霊をフィルタリングすることと、すべての情報を失ってしまうことの間で大雑把な最適化ができることを示唆している。もちろんこれらはすべて推測にすぎないが、どのネットワークを分析すべきか少しでも自信をもたせてくれるこうした経験則が生まれるかどうかは興味深い。余談だが、Palla et al. (2005) も異なる文脈で同じ結論に達したことを付け加えておこう。つまりネットワークの興味深い構造は小さなコンポーネントに分裂させてしまうところに近い点でフィルタリングすると一番よく見える、ということだ。

5.6 他のアプローチ

本章で用いてきた重み付けなしのバージョンではなく重み付けのあるネットワーク指標（4.7節）を用いることでフィルタリングを全部やめてしまう、というのは分析を終えた後で見ると魅力的なアプローチだ。（たとえばアソシエーション強度や適切なアソシエーション指標で）辺が重み付けられていれば、ある辺が他の辺より重いことを考慮する指標は、フィルタリングの強さや段階についての明らかに恣意的な選択という問題を克服できるのではないだろうか。私たちはこの問題に対する答えをまだ持ち合わせていない。一見すると重み付けのある指標は、これまで見てきたゴルディアスの結び目[iv]をうまく切り抜けるようで、これこそ探究するべき賢明な道のように感じる。逆にフィルタリングはせっかく集めた情報の多くを投げ捨ててしまう行為のように感じられる。しかし現時点で、重み付けのある指標のうちどれが一番有用か、そもそもそれは存在するかについてコンセンサスがあるわけではなく、データセットは集団切り出し法により生じる問題のすべてを避けるためには（たとえば）AS の範囲は相当広くなければならないようだ。ルソーらの最近の論文では重み付けのある指標の使用が提唱されていることを付け加えておこう（Lusseau, Whitehead, and Gero 2008）。

点ベース指標の分析をもとにせず、ネットワーク全体の構造について何かを教えてくれる技術を求めることが第二のアプローチであり、アソシエーション行列で明らかにできる。たとえばマンテル検定（Mantel 1967）を用いるとネットワークの全体構造と、ネットワーク構造を成り立たせている集団内の既知の一対

[iv] 訳注：難問のこと

ごとの関係性を表す「仮説行列（hypothesis matrix）」(Hemelrijk 1990a) と比較できる。あるいは社会科学では比較的少数の変数でネットワークの本質的構造をとらえようとさまざまなモデルが発展してきたので、そのいくつかを利用してもよいだろう。とくにそのネットワークが、実際の社会的インタラクションの信頼に足る描写だと自信がもてる場合には、これらのアプローチはそれぞれとても便利だ。これらはどちらも二つ以上の実証的ネットワークを比べる方法の候補であるから、ここで方法論に深入りせずに第7章まで取っておこう。

5.7 まとめ

本章でもっとも伝えたかったことは、手持ちのネットワークデータを分析する前に、下さねばならない決定がいくつもあるということだ。多くの場合、手持ちのデータ構造が与えられ、対処しようとしている問いが与えられれば、結局、使用するのが適切なランダム化検定の選択に落ち着く。図5.9のフローチャートは決定の一助が目的だが、手引き以上のものではない。

最初の問題は手持ちのネットワークがサンプリングプロトコルから受ける影響が大きいかどうかの決定である。もし受けていないのなら、事態は比較的単純で図5.9の左側をたどる。点の値の比較には注意がいるが、点の平均・中央値の検定は、5.1節と5.2節で議論したように、点ラベルの単純なランダム化で実行できる。状況が異なれば別のランダム化を用いる。たとえば実測した辺のランダムな再結線が適切なのかもしれない。ランダム化した各ネットワークの次数分布を統制する技法 (Newman, Strogatz, and Watts 2001) は、興味のある生物学的問題の解明に決定的に重要な要素だ。最後に5.6節で言及し、第7章で探究する別の枠組みによるネットワークの分析にも気をつけよう。

この段階にいる読者はほとんどそうだろうが、もし「集団切り出し法」を用いてネットワークを構築し、インタラクトしているかどうか定かではない個体間にもすてきなことに結合を見出すという利益を得てきたのだから、今や借りを返すべき時だ。つまり点の値やその平均、分布がデータセットの構造にどの程度影響を受けるのかをもう少し考えねばならない。5.3節から5.5節で準備した方法は、点ラベルや辺を直接ランダム化するのではなく、グループのメンバーシップをランダム化することでサンプリングプロトコルを統制する。それらは社会的ア

点ベース指標の統計検定　　　　　　　　　　　　　　　　　　　　　　　　　　　　　*135*

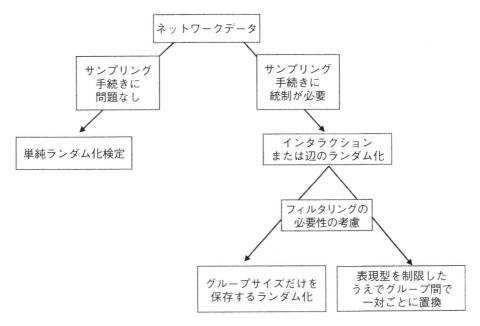

図5.9　動物の社会構造の点ベースネットワーク指標を分析する方法の手引き

ソシエーションの単純な帰無モデルの上に成り立っている。アカシカの社会ネットワークで説明したように（5.5節）、グループサイズと再捕捉率の保存は帰無モデルに最低限必要なようだ。たとえばグループ内の表現型変異を制約して帰無モデルをさらに洗練させることも考慮する（このタイプの分析の例としてはHoare et al. 2000 と Whitehead, Bejder, and Ottensmeyer 2005 を参照せよ）。5.5節では、グループ由来のネットワークをフィルタリングすることはどのような結論にも大きな影響を与えるため、考えを巡らせてこの問題には帰無モデルが適用できるようにすべきである。グループ由来のネットワークを扱う最善の方法を、自信をもって作り上げるには、さらなる研究が必要だ。とくに点や辺、あるいは両方にフィルタリングをかける方法を決める助けになる信頼できる経験則をもつことは非常に有用である。それまでは手持ちのネットワークが明らかにしていることの主張は、少し保守的にとどめておいた方がいいだろう。

第6章
下部構造の探索

　動物の社会ネットワークの分析についてここまで強調してきたのは、個体ベース指標（たとえば次数 k_i やクラスター化係数 C_i）を特定し、その指標の分布が生物学的に意義深いものかどうか知ることだった。本章ではさらに進んで、ネットワーク構造に対してより全体的な視点をもち、ネットワーク全体の中に、個体間・グループ間の非ランダムなアソシエーションパタンの証拠を探し出す。ねらいは社会ネットワークを用いて、集団の遺伝的構成・生息地利用・情報・疾病伝染経路に大きな影響を与える（またそうした結果を生み出す）社会構造中の不均一性を特定することであり（Lusseau et al. 2006）、そうした構造と既知の個体属性の変異とを関係づけることにある。

　本章で扱うのは以下のような問題である。

1. ネットワークは全体として、性などの離散的カテゴリーで分離（segregation）しているという証拠は見つけられるだろうか。
2. 表現型が類似した個体同士は社会的意味で結束する傾向はあるだろうか。たとえば集団内の大きい個体は他の大きい個体と優先的に一緒にうろつく、ということはあるだろうか。
3. ネットワーク構造そのものは、集団内に他の個体とよりもよく結合する個体のグループがあることを示唆するだろうか。もしそうなら集団全体はこの方法で構造化されているのだろうか。またこうした分離がどうして生み出されるのかを、どうやって探ればよいだろう。

　社会科学者は長年こうした問題を追及してきた。そして多くの方法が開発され、これらの問題に対して部分的な回答を与えてきた。このトピックについての論文は数多く、それらのほぼすべてが動物の社会ネットワーク分析に自然に拡張できることがわかってきた。本書の範囲を超えるため、方法の詳細は完全にはカバーできない。関心をもった読者は、人間の社会ネットワーク分析についての多くのすぐれた著作の中から一つを選んで読むことを薦める。たとえば Scott（2000）、Wasserman and Faust（1994）、Carrington, Scott, and Wasserman

（2005）などである。「役割（roles）」や「地位（positions）」、「ブロックモデル（block models）」や「構造的同値（structural equivalence）」といったキーワードの探索が手掛かりとなるだろう。生物学者によりなじみ深い別の方法、たとえば階層的クラスター化の方法は（たとえば Kaufman and Rousseeuw［1990］を参照せよ）、こうした問題に用いることができる。後にこのことに触れよう。

　本章はまず、元々物理学に関心のあった研究者がこうした構造的問題を追及するなかで生まれ、開発されてきたネットワーク分析の最近の進歩に目を向ける。いくつもあるアプローチにどんなメリットがあるのかは、まだわからないものもある。本章の補助目的は、ネットワーク分析の発展は幅広い分野で進捗していることを読者に紹介することであり、助けとなりそうな分野について広い視野をもつよう促すことだ。ここでもこれらの問題を網羅的にではなく、探索的・示唆的に扱うことを意図した。

　関連はしているが二つの異なるアプローチを用いて、これらの問題への対処方法を示しておきたい。問一と問二への対処法とは、問題のシステムにおいて社会関係を形成する表現型・行動的・生態学的要因についての情報に注目し、そのネットワークが仮説上の「同類性（assortative mixing）」（6.1節）を統計的に示すかどうかを見ることだ。考慮すべき多くの要因について前章までに言及してきたが、それらは（種・サイズ・性・色などの）表現型・地理的範囲・血縁度・類似性・順位階層といったものだ（Krause and Ruxton 2002 を参照せよ）。同類性（社会科学においてはホモフィリー（homophily）[i] と呼ばれることがある）という概念は、個体は似たタイプの他者とより交渉をもつだろうというものであり、人間の社会ネットワークでよく言及される。同類性は人間では、人種・エスニシティ・年齢・宗教・教育・仕事・性の機能として説明されてきた（McPherson, Smith-Lovin and Cook 2001）。

　第二の方法（またはこれから見るように、ほとんどの方法）は、ネットワークの下部構造の存在を生むメカニズムについて、最初の時点での仮説形成を必要としない。その代わり、ネットワーク内の他の点よりも互いに密に結合する点の集合を探索する際の第一情報源として、ネットワークそれ自体を利用するのである。ネットワーク用語では、そうした対象は定義によって「ブロック」「クリー

---
[i] 訳注：同類原理とも呼ばれる

ク」「コミュニティ」などと呼ばれる。ここでは「コミュニティ」(6.2 節、6.3 節）の探索法に集中しよう。もちろん生態学者がこの語をまったく別の文脈で用いることを知っているし、彼らを必要以上に不快にさせたくはない。探究の結果、ネットワークとしての意味でコミュニティが実際に存在し、それが統計的に頑健な存在だと満足できたらその時やっと、どの生物学的・生態学的・地理学的・表現型的特徴がこうしたコミュニティ構造を生み出すのかを決定する努力という、本当の仕事が事後的に始まるのである。

　本章は二つの短い節で終わる。6.4 節ではコミュニティ探索と同じことを実現できる他の方法をいくつかレビューする。6.5 節では動物の社会構造の研究におけるこれらの方法の使用例をまとめる。

6.1　社会ネットワークにおけるアソシエーションパタンの指標化

　社会ネットワークの選択パタンの定量化に用いられる一般的な方法は、ある形式の相関係数を計算することだ。たとえば（性や種などの）離散的カテゴリーの第 m 番目に分けられたネットワーク内の個体のニューマン同類度係数（Newman's assortivity coefficient）が r である場合がそのいい例である（Newman 2003b）。r を求めるには、まず $m \times m$ の「選択行列（mixing matrix）」$\mathbf{e}$ を作る。第 2 章で紹介したアソシエーション行列とは異なり、選択行列の各行・各列は異なるカテゴリーを表す。$\mathbf{e}$ の成分はカテゴリー間の辺の全体に占める割合である。たとえば方向性のない辺をもつ架空動物の社会ネットワークにおいて性の同類選択性（assortedness）を知りたいとしよう。この場合、$m=2$ カテゴリー（オスとメス）を用いる。ネットワークの辺全体のうち 50％がメス 2 点間のもので、30％がオス間のもので、20％がオス–メス間のものだったとする。この場合の「選択行列」は以下で与えられる。

$$\mathbf{e} = \begin{pmatrix} 0.5 & 0.1 \\ 0.1 & 0.3 \end{pmatrix}$$

　先に進む前に、この行列について少し付言しておこう。まず 20％を占めるオス–メス間の辺は、$\mathbf{e}$ の右上と左下の成分に等分割されている。これは単に技術的に便利だからで、行列の全成分の和（$\|\mathbf{e}\|$ で表す）が 1 となるようにしている

のである。これらの辺の半分がオスからメスで、残りの半分がメスからオスであると考えるのは無意味だ。二つ以上のカテゴリーがある場合には注意が必要で、カテゴリー s と t の点間の辺の半分を成分 e_{st} におき、残り半分は e_{ts} におくようにする。また行列 **e** が表しているのは、カテゴリー内・カテゴリー間の点間の辺の割合であるから、重み付けなし・重み付けありの辺をもつネットワークのいずれで考えてもよく、またコンポーネントは二つ以上であってもよい、ということも指摘しておこう。方向性のあるネットワークの場合は少し複雑で、ここではカバーしきれない。ただ本章で扱う方法が方向性のあるネットワークの分析に用いることができないという理由は、原理的にはない。

　選択行列から同類度を指標化する単純な方法に、すでに気づいているかもしれない。（左上から右下へかけての）対角成分を足してしまうことだ。行列の用語に明るくない読者が多いことを承知で言えば、この足し合わせは行列のトレース（trace）と呼ばれ、$Tr\,\mathbf{e}$ と表記する。選択行列においては、同じカテゴリーの点間の辺の全体に占める割合を表す。つまり架空動物の社会の行列 **e** では 0.8 となり、80％の辺が同じカテゴリー内のもので、かなり同類的な（assorted）ネットワークだということである。しかしトレースそれ自体は、各カテゴリーの点の数が大きく異なる可能性を考慮していないため、選択性の信頼できる指標とは言えない。たとえば架空動物の集団が 90 頭のメスと 10 頭のオスで構成されているとする。この場合、辺の 20％がオス-メス間だったという事実の意味は、$Tr\,\mathbf{e}$ の単純計算の結果という意味よりも重要だろう。

　点カテゴリー間の同類性のよりよい推定とは、辺がカテゴリーに関してランダムに配置された場合の辺の数の期待値に対して、カテゴリー内の辺の数がどの程度あるかである。この「超過同類性（excess assortment）」を推定する指標はいくつかある。ニューマン同類度係数 r（Newman 2003b）は信頼に足る指標の一つであり、選択行列 **e** の行の和、列の和を用いる。架空ネットワークを表す行列 **e** の一行目の成分の和（0.6）は、メスから出て、オス・メスいずれかで終わる辺の全体に占める割合を表す。一列目の成分の和（方向性のないネットワークなのでこちらも 0.6 となる）は、オス・メスいずれかから出て、メスで終わる辺の全体に占める割合を表す。同数の辺をもつが結合する点のカテゴリーと関係なく辺を配置したランダムネットワークを構築すると、メスから出る辺は 60％、メ

スで終わる辺も 60% と考えられるため、メスからメスへの辺の割合の期待値は $0.6^2=0.36$ となる。ニューマン同類度係数は、実測割合（0.5）からカテゴリー内の辺の割合の期待値（メス－メス間では 0.36）を引き算することで、超過同類性を指標し、全カテゴリーでこの超過分の総和を取るのである。完全に同類化したネットワークでの最大超過で超過分の総和を割って（値が 1 以下のなるように）正規化する。$\mathbf{e}$ の行 s の成分和を a_s で表すと、同類度係数は以下の少なくとも二つの形で書ける。

$$r = \frac{\sum_{s=1}^{m}(e_{ss}-a_s^2)}{1-\sum_{s=1}^{m}a_s^2} = \frac{Tr\,\mathbf{e}-\|\mathbf{e}^2\|}{1-\|\mathbf{e}^2\|}$$

（式 6.1）

ニューマンが用いた二つ目の式は、r が単なるトレースからどれだけずれているかを表している。同類性がまったく生じていなければ、超過する辺はないということなので、式 6.1 から $r=0$ となる。完全同類性（perfect assortment）ならば $\mathbf{e}$ の対角成分のみが非ゼロとなるので、$r=1$ である。単純な架空集団の例では $r=0.583$ となる。

次の問題はもちろん、r 値が統計的に 0 とは異なるかどうかの検定である。それにはこの指標の元となるデータに当たる必要があるが、それはもちろんネットワークそのもののことだ。架空の例では、特定のネットワークを考えに入れていなかったため、結果（$r=0.583$）を検定しないままにしておくしかない。しかし現実のネットワークなら同類選択性の統計的有意性はどのように検定したらよいのだろうか。手持ちのネットワークが調べている社会関係を正しく表象しているか疑わしいようなら、5.3 節で提唱したタイプの実験データの本格的なランダム化が必要だろう。分析しているネットワークがインタラクションやアソシエーションを正しく表象していると自信がもてるなら、もっと簡単なやり方を用いる。たとえば 5.2 節でやったように点ラベルをランダム化して、検定統計量と比較するために期待値頻度分布を生成するのもよい。しかし今回の場合は、ランダム化そのものを避けられる。というのは検定統計量（r）は選択行列 $\mathbf{e}$ に由来し、ネットワークそのものに由来するわけではないからだ。ネットワーク内の E 本の辺それぞれが、$\mathbf{e}$ の成分に独立に貢献するものとして扱うことで、データの相

互依存性というおなじみの問題はなくなるのだ。ニューマンは、ジャックナイフ法（jackknife procedure[ii]）（Efron 1982）を用いて、r値の分散を計算することを薦めている（Newman 2003b）。

$$\sigma_r^2 \approx \sum_{i=1}^{E}(r-r_i)^2$$

ここでr_iは、辺iを除いたネットワークで計算した同類度係数rの値である。これも依然として計算論的に実現できる手法ではあるが、第5章のランダム化検定よりはそうでもない。（余談だが、第5章で点ベース指標を検定する際に、なぜジャックナイフ法が使われなかったのか不思議に思った読者もいるかもしれない。それは簡単に言えば、たとえばネットワークのクラスター化係数Cの平均値が有意に大きいかどうかを知りたいとすると、一回に辺一本を除くやり方のジャックナイフ法ではCの分散を推定できないためだ。平均パス長や媒介性でも同じことが言える。ただし、平均次数kはこのやり方で検定可能だとする議論もある。）

ニューマンはジャックナイフ法を用いて、人間の社会ネットワークを例に同類性の有意性を検定し、Gupta, Anderson, and May（1989）が提案したいくつかの他の指標の利点についても議論した（Newman 2003b）。動物の社会ネットワークにこのアプローチを用いた例はほとんど見たことがないが、Wolf et al.（2007）が、ニューマン係数rと年齢（幼体・未成熟・オトナ）と性（オス・メス）にもとづく$m=6$カテゴリーを用いて、ガラパゴスアシカ（*Zalophus wollebaeki*）の社会ネットワークにおけるホモフィリーを分析した例がその一つだ。ネットワーク全体では、個体は年齢クラスによって同類化していたが、性では同類化していなかった。年齢クラスごとに性による同類化を見てみると、未成熟は有意な性的同類化が見出されたものの、オトナと幼体ではそうではなかった（Newman'r±$CI_{95\%}$：未成熟：0.13 ± 0.093, $P<0.05$；オトナ：-0.08 ± 0.13, $P>0.05$；幼年：0.02 ± 0.07, $P>0.05$）。著者らはこれらの結果からアシカのネットワークの下部構造についてのさらなる研究が必要と論じた。

[ii] 訳注：n個のサンプルからデータを一つ取り除き、新たな$n-1$個のデータからなるサンプルをn個作成することで推定値を計算する手法

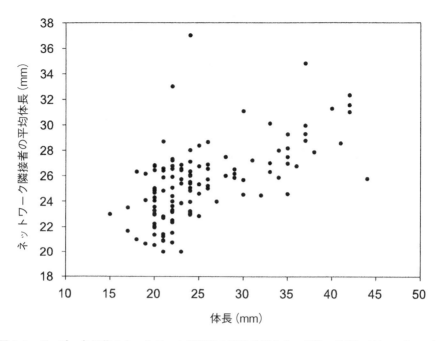

図6.1 グッピー各個体のネットワーク隣接者の平均体長をその個体の体長に対してプロットしたもの。Croft et al.（2005）より引用

　ネットワーク内の個体は年齢やサイズといった連続変数（スカラー量）で表される表現型変異でも同類化するかもしれない。連続カテゴリーに適用するには、係数 r はピアソンの相関係数 r_p（Socal and Rohlf 1994）となると、ニューマンは指摘する（Newman 2003b）。しかし連続変数の場合に利用できる他の方法もある。たとえばクロフトらはグッピー（$P.$ $reticulata$）の研究で、個体の体長に対するそのネットワーク上の隣接者（neighbors）の平均体長をプロットすることで、ネットワーク内における体長による同類性の程度を検討した（Croft et al. 2005）。分析した四集団のうち一つの結果を図6.1に示した。クロフトらはスピアマンの順位相関係数 r_s を用いて相関関係を指標化し、体長の関数としてのネットワーク内同類性についての強力な証拠を発見した（$r_s=0.59$, $n=130$, $P<0.001$）。（著者ら（私たちのことだが！）はこの分析はもう少し慎重にした方がよかったと、今にして思う。というのもデータポイントは独立ではないからだ。Dugatkin and Wilson（2000）の考えで、相関係数（直線の傾き）をこれら

のデータのランダム化によって得られる値と比較すればよかった。著者らが罰を受けたことで、安心できるだろう。幸い発見したことには何も影響はなかったが。)

次数相関

　ネットワーク関連分野でかなり注目されたスカラー量の同類性は、次数、つまり個体がもつネットワークの隣接者の数による同類性だ。ここでの問題は、高い次数をもつ個体が高い次数をもつ他個体と結合する傾向が、平均的に見てあるかどうかということだ。図6.2は正の次数相関をもつ単純なネットワークの例を表す。次数同類性（または逆同類性 disassortative）もまた相関を見ることで調べられる。ニューマンはピアソンの相関係数を、個体の次数と隣接個体の平均次数との間の相関を表す簡便な指標として用いた（Newman 2003b）。

　では正、負、あるいは0の次数相関の有意性とは何だろう。これについての一般的な答えはないようだが、興味深いことに社会ネットワークは他のタイプのネットワークと比べて、この点ではかなり異なっているようだ。たとえば代謝系・食物網・神経系などのネットワークでは負の次数相関を示す（Newman 2003a）が、社会ネットワークは正の次数相関を示す（たとえば付き合いの多い人ほど付き合いの多い人を知っている）。科学出版物における共著関係や、e-mailのアドレス帳などの例で、人間の社会ネットワークではこのことは繰り返し言及されているが、動物の社会ネットワークでも似たような特徴を示すようだ。たとえばルソーらはハンドウイルカ（*T. truncatus*）の社会ネットワークが $r_p=0.170$ であることを見出した（Lusseau et al. 2006）。クロフトらは小型淡水魚の五集団では次数相関が0.28から0.7の間（すべて有意）だったと報告した（Croft et al. 2005）。

　こうしたパタンの形成の背後にあるメカニズムと、社会ネットワークとその他のネットワークのはっきりした違いは完全に理解されているわけではなく、さらなる研究を要する興味深い分野となっている。付き合いの多い動物個体同士が一緒にいる傾向があり、他個体との結合がほとんどない個体同士が一緒にいる傾向がある、といったことが見つかればその結果は潜在的に興味深い。しかし、考慮に入れるべき交絡要因として、サンプリング方法が次数相関に対して与える影響

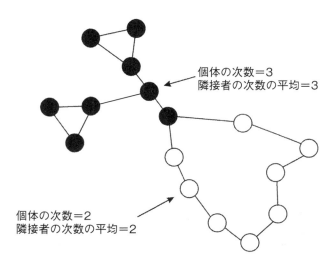

図 6.2 正の次数相関を示す単純ネットワーク。各黒点は次数3を各白点は次数2をもつ。この単純なケースでは辺の大多数は次数が近い点とつながる。Croft et al.（2005）より引用[iii]

がある。たとえば各グループで見つかるすべての個体間に辺をもたせる「集団切り出し法」（第2章、第5章を参照せよ）でネットワークを構築したのであれば、グループサイズの分散はどれも正の次数相関となるバイアスを生む傾向がある。極端に大きなグループは、少なくともそのグループ内の他の大多数と結合する個体をたくさん産んでしまうためだ。したがってここでもまた、分析からあまりたくさんの結論を引き出してしまう前に、ネットワークをフィルタリングすること（第3章、第5章）が重要である。

6.2 動物の社会ネットワークにおけるコミュニティ構造

本節のねらいは、ネットワーク内の「コミュニティ」探索を適用して、社会的インタラクションやアソシエーションにおけるあるタイプの異質性を特定する方法を論じることである。コミュニティとはここでは、集団内の他の個体とよりも互いにアソシエートし合う個体のグループを意味する。そうしたコミュニティはすべて、ダイアドまたはグループより上位、集団より下位の、社会組織の中間レベルを表す。たとえばコミュニティのメンバーシップを既知の表現型・特徴・生

[iii] 訳注：Croft et al.(2005)の Fig 2 に従い図を一部修正

態学的制約と関係づけることによって生物学的要因・地理学的要因・その他の要因と、集団の社会組織のパタンの間の相互作用をよりよく理解できるかもしれない。そこでダイアド、グループレベルでも、集団レベルでも見出すことが難しい構造要素の解明を始めよう。鍵となる特徴がコミュニティ間で有意に異なっているとしたら、ネットワーク集団全体の特徴を平均や中央値で単純に表そうとすることは誤解を招く。コミュニティ検出法は近年、別の生物学のコンテクストである代謝系において機能的モジュールを他の物の中から探索するのに用いられ（Guimerà and Amaral 2005）、動物行動学研究でもこれから見るように、今やわずかだが例が出てきた。

野生集団における社会構造についての過去の研究は、霊長類・有蹄類・鯨類といった大型動物を対象としてきた（Chepko-Sade, Reitz, and Sade 1989；Whitehead and Dufault 1999；Cross et al. 2004；Cross, Lloyd-Smith, and Getz 2005。こうした研究は伝統的に、クラスター化のアルゴリズム（たとえばKaufman and Rousseeuw 1990 を参照せよ）を用いてコミュニティ構造を調べてきた（著者らはそう呼んでいないのだが。この文脈で「コミュニティ」という語の使用はより広いネットワーク関連の文献で見られる別の用語法である）。これは、ある選ばれた類似性の指標にしたがってよく似た個体をまとめ上げる方法である。クラスター分析の最近の例として、Lusseau et al.（2003）, Vonhof, Whitehead, and Fenton（2004）, Wittemyer, Douglas-Hamilton, and Getz（2005）は、アソシエーション指標の形の関係性データを用いて、個体の親密さ（closeness）を測り、社会構造の中間レベルを検出した。これらの研究は、本章で提示するネットワークベースの方法と考え方がとても近い。こうした分析の立脚点は私たちのものとほぼ同じで、ネットワークとはアソシエーション行列の単なる視覚化にすぎないというものだ。

社会ネットワークあるいは他のネットワークの中に、コミュニティを探索するにはどうしたらよいのか。ネットワーク内の他の個体とよりも密に結合し合う点の部分集合を探す。描画として図6.3のように表される単純なネットワークを考えてみよう。辺が11本あり、このうち五本は丸と丸を、五本は四角と四角を、一本が丸と四角を結合している。丸と四角が目で見てわかるネットワークの「パーティション（partition）」（点のコミュニティへの割り当て）を作っていて、

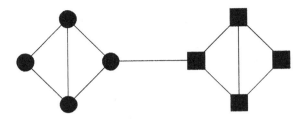

図 6.3　一本の辺だけで結ばれた二つのコミュニティ（丸のものと四角のもの）からなる単純ネットワーク

この場合二つのコミュニティに分けている。本当の問題は、これをできるだけうまく見つけ出す計算論的枠組みを生み出すことだ。より複雑なネットワークでは目で見ても騙される。NETDRAW の可視化ツールを用いると、コンポーネント（互いに完全に分離した点のグループ。それぞれのコンポーネントはここで用いている意味で完全なコミュニティを形成する）を選び出すことは簡単だ。ばね埋め込み法やその他のレイアウト法でも、互いの間にほとんど辺をもたない、内部で結束したコミュニティを特定することができるだろう。それにもかかわらず、互いの間に何本かの辺がある場合にはとくに、目では特定できないコミュニティが多く、そのためコンピュータのアルゴリズムの助けが必要なのである。（比較的単純に「パーティションを設け」てネットワークをいくつかのコミュニティに分ける場合でさえ、「強度」や定義についてのある程度の考えのもとにすべきで、やはりそれは計算論に頼らなければ難しい。）

　ネットワークからコミュニティの集合を自動的に探索する問題は、ごく少数の方法が提案されているだけではあるが、けっして当たり前というわけではない。それぞれの場合で、集団のメンバーを強く結合した個体のコミュニティに分割する、もっともそれらしいパーティションをネットワーク内で体系的に探索する。その方法は「分割（divisive）」（Girvan and Newman 2002；Radicchi et al. 2004）するか「凝集（agglomerative）」（Newman 2004）するかのいずれかである。分割アルゴリズムは、決められたネットワーク計量にもとづいて、ネットワークからコミュニティ間をつなぐ辺の候補となりそうなものを除いていく。このプロセスにより最終的にはネットワークはコミュニティ階層に分割される。凝集アルゴリズムは対照的に、辺のないネットワークから始めて、コミュニティ内をつなぐ

辺との候補となりそうなものを加えてゆく。クラスター化法はコミュニティ構造を決定する凝集法の一例であり、最近この方法はコウモリ（Vonhof, Whitehead, and Fenton 2004）やゾウ（Wittemyer, Douglas-Hamilton, and Getz 2005）の社会構造の探索に用いられた。

ガルバンとニューマンの方法、GN アルゴリズムは分割法の一つだが、ネットワーク内のコミュニティ検出法のうち、よく用いられるものになった（Girvan and Newman 2004）。それはたとえば NETDRAW の分析ツールなどですぐに利用できるというのが理由の一部だろう。GN アルゴリズムは、辺媒介性（第4章）を、コミュニティに加わる可能性がもっとも高い辺を決定する指標に用いている。ある辺の媒介性とはその辺を利用する点間の最短パス数であることを思い出そう。このことが、コミュニティ間の辺はどれかを決定する直感的方法を与えてくれる。図6.3の単純なネットワークでは、丸と四角を結合する辺が最大の辺媒介性をもつため GN アルゴリズムにより最初に除去され、ネットワークは最初のステップで二つのコミュニティに分離する。GN 法に必要なのは、点をコミュニティに振り分けるパーティションの「強度」の指標だけであり、辺の除去作業をいつ停止するかの決定にはこの指標を用いる。全部の辺がなくなるまで除去を続けると、あとには個体と同じだけのコミュニティが残されるだけだ。

ニューマンとガルバンは、ある停止パラメータ（stopping parameter）を導入し、以降幅広く用いられるようになった（Newman and Girvan 2004）。これはモジュール性（modularity）と呼ばれ、Q で表す。g 個のコミュニティに振り分けるパーティションに対し、Q は（存在するすべての辺を含む元のネットワークに対して）以下で定義される。

$$Q = \sum_{t=1}^{g}(e_{tt} - a_t^2)$$

（式6.2）

ここで e_{tt} はコミュニティ t 内の辺の数の（ネットワーク全体の辺の数に占める）割合、a_t はコミュニティ t 内に片方または両端をもつ辺の全体に占める割合であり、全 g 個のコミュニティにわたりこれらを総和する。指標 Q は、コミュニティ間よりもコミュニティ内で個体間の辺が結びついている程度を表す。Q が

最大値となるパーティションが、点をコミュニティに「もっともうまく」割り振るということである。

　Q とニューマン同類度係数 r（式 6.1）がよく似ていることに気づいた読者は鋭い。Q は正規化の要素を含まないという点を除き、実際二つの指標は似ている。r を用いると、事前に決められたカテゴリーに点を分割するのに対し、Q を用いると、点はネットワークの辺のつながり方だけにもとづいて（ありうる）コミュニティの集合に分割される、というのが本当の違いである。ここでは、コミュニティ探索とはしたがってホモフィリー探索とは同じではない、ということに気をつけておけばよいだろう。同類度係数が有意だとわかっても、それだけではあるカテゴリーの個体がネットワークの小部分に含まれているかどうか、形をもったクリーク（topological cliques）として分離しているかどうかはわからない。それに答えるためには、コミュニティ分析などの方法が必要だ。同様に r 値が低くても、それは単にそのカテゴリーについてはホモフィリーが見出されないということしか意味しない。コミュニティ探索では、人間が先に集団がそのように分離すると期待するカテゴリーを選んでおくのではなく、ネットワーク構造それ自体に構造的異質性を決定させるようにする。有意なコミュニティ構造は、ネットワーク全体のどのカテゴリーでの同類性とも一致するかもしれないし、しないかもしれないのだ。

　r の計算（6.1 節）では、Q の評価では各辺を一度だけ数えるように注意するが、コミュニティ s と t の間の各辺の半分を e_{st} に、残り半分を e_{ts} に割り当てても同じことができる。Q はコミュニティ構造の割り当てがランダムの場合には 0 となり、原理的には負の値にもなりうる。関心があるのは正の値の場合だが、コミュニティが最終的に、簡単に探索できてしまう別々のコンポーネントとならないかぎり、Q は事実上 0.7 より大きくならない（Clauset, Newman, and Moore 2004）。図 6.3 のトイネットワークでは $Q=9/22 \approx 0.41$ となる。

　GN アルゴリズムは直感性と使いやすさの点でとても優れている。6.5 節で論じるように、ルソーとニューマンやニューマンらも、イルカのネットワークのコミュニティ構造の探索にこの方法を用いた（Lusseau and Newman 2004；Newman et al. 2006）。しかし 6.3 節でみるように、そこに存在していて統計的に有意なコミュニティを検出できない場合もある。そうした状況は離合集散シス

テムで起こりやすい。離合集散システムでは、グループメンバーシップの高頻度の入れ替わりが少なからずコミュニティ間の辺を生み出すためである。この場合にはコミュニティに割り振るパーティションは、GN アルゴリズムで計算されるよりも高い Q 値で存在することになる。そうしたパーティションが統計的に裏付けられれば、そうでない場合よりも社会構造の詳細を明らかにできるだろう。

　この状況につながる方法論的問題は、分割法・凝集法のいずれもが（GN アルゴリズムを含めて）本質的に「一方向的」でしかありえないということだ。このことは（分割法では）辺を除去してしまうと元に戻せないということを意味する。それはアルゴリズムの実行の早い段階で、もっと良いかもしれないパーティションを考慮外としてしまうことにつながる。では、どうすれば解決できるだろう。ありうるパーティション全部を試して、Q 値が最大となる点のパーティションを探索するのが一つの答えだ。それができるなら「一方向性」に関わる問題はすべて無効だ。というのも「パーティション空間」のありうる部分集合すべてで計算するなら、見つかった最大 Q 値とは、Q がとりうる値の中で間違いなく最大だからだ。

　もちろんそうしたプロセスが単純ではありえないことは、少なくとも実行段階ではすぐにわかる。はじめはコミュニティの数も、それらの大きさもわからないことを考えると、異なる数の異なるサイズのコミュニティに異なる数の点を割り当ての、ありうる組み合わせすべてを試さねばならない。割り当てのそれぞれで 6.2 式を用いて Q を評価し、Q が最大となるものを探索する。きわめて単純な図 6.3 のようなネットワークでさえ、ありうるパーティションはたくさんあり、すべて試さなくてはならない（Box 6.1）。代わりに必要なのは、すべてを一つひとつ試さなくても、もっともよいパーティションにたどりつける方法である。そんな「計算論的最適化」を実現できる簡単な方法は存在しない（またよい名前もない）のだが、「焼きなまし法（simulated annealing）」はよく用いられる。

Box 6.1　パーティションの数を数える

　点のコミュニティへの割り当て（「パーティション」）の可能性の総数を探るには、「n 個の対象を何通りのグループに分けられるか」という問題と向き合わねばならない。図 6.3 の $n=8$ のネットワークの例を用いて、この問いに二つの段階を

踏んで答えてみよう。

まず n 個の対象があるとき、何通りのグループサイズの異なる組み合わせがあるかを計算したい。ここで計算論者の力を借りると、合計が n になる数の可能な足し合わせの場合の数がわかるものとする。これは n の「パーティション数」と呼ばれる。(これがまさに私たちが必要とする数であるが、紛らわしいことにこの「パーティション」という用語の使い方は本書の使い方とは少し異なっている。パーティションとは本書では、ネットワークのコミュニティへの任意の分割のことである。) 8 のパーティション数は 22 である。これはまだ理解しやすい方だ。8 のグループが一つ、7 のグループ一つと 1 のグループが一つ、4 のグループが二つ、などなどである。こうしたすべての場合を足し合わせていくと 22 が得られる。

第二の段階に進む。たとえば、7 のグループ一つと 1 のグループが一つを得る方法が何通りあるかを計算したい。これは 8 通りだ。八つの点のそれぞれが残りの 1 になるためだ。同じことを 8 個の対象のグループへの 22 通りの割り当てに対して行う(同一解を二度カウントしないよう気をつけて。少しトリッキーなのだが)。ある分け方は他の分け方よりも多くの可能性を生む。たとえば 8 のグループを得るにはたった一通りしかないが、3, 2, 2, 1 のグループを得るには 840 通りある。

こうしてコミュニティのパーティションの総数は、22 の可能なグループサイズの集合から得られる別々の解を足し合わせて得られる。それは 4,140 通りとなる。これはそこまで悪くないように思えるかもしれないが、ネットワークが大きくなるにつれて急速に悪化してゆく。たとえば $n = 100$ の「パーティション数」は 190,569,262 であり、これらそれぞれのグループを得る可能性の数はたくさんある。このように、すべての可能なパーティションを網羅的に検索することは、じきに強力な計算機が行う問題になることは明らかだと、私たちは思っている。

焼きなまし法は、最適化戦略として確立されたものであり、組み合わせ問題によく用いられる (Kirkpatrick, Gelatt, and Vecchi 1983)。最近では代謝系のコミュニティ構造の探索に用いられた (Guimerà and Amaral 2005)。凝集法・分割法とは異なり、焼きなまし法を用いると、(Q 値が相対的に低い)貧弱な質しかもたない (poorer quality) コミュニティを一時的に考慮することで、局所的だが全体的ではない質のよい (good) コミュニティだけの「コミュニティ空間」領域に逃れられる (Box 6.2)。問題の解空間はまずまったく自由に探索される。質がもっとも低い空間部分へのアクセス可能性は徐々に減ってゆき、パーティ

ションは（望んでいるように）問題の全体的最適値に収束する。これがアルゴリズムにもたらす追加感度（additional sensitivity）は、一般に、どの与えられたネットワークに対しても少なくとも既知の他のコミュニティ探索アルゴリズムを用いたときと同じ大きさの Q 値を得られるという事実によって示される。この精度という利益に対して支払うコストは、焼きなまし法が比較的時間のかかる方法だということだが、数百頭以上の個体がデータセットに含まれているということでもなければ問題にならない。

ねらいはきわめて動的な社会システムでコミュニティ探索ができるようになることであるから、見つかるパーティションが有意味かどうかの統計的検定を含めて探索を強化することが重要であり（すべての社会システムが組織の中間レベルを含むと信じる理由はないのだ）、もう一つ、どんな要素が集団のコミュニティへの分割を促すのか決定することも重要だ。ケーススタディを通してこれらの問題を見てゆこう。

Box 6.2　焼きなまし法

パラメータ Q を最小化する代わりに、$E=-Q$ を最小化することを考えよう。焼きなまし法の要点とは、すべての可能な点のコミュニティへの割り当て空間内において、コミュニティ割り当てを現在の状態（E_{before} と書く）から推定される新しい状態（E_{after}）へと遷移させる一連の試行（trial move）である。$\Delta E = E_{after} - E_{before}$ とおく。試行は ΔE が負の値のときには無条件に受け入れる。ΔE が正の値のときには以下の確率分布に応じた条件つきで受け入れる。

$$p(試行の受け入れ) = \exp(-\Delta E/T)$$

言い換えれば、E を悪化させる試行が受け入れることもあるが、これはその悪化の度合いが小さい場合である。「焼きなまし法」という名前は、金属の温度を注意深く下げていくことで最小エネルギーの金属結晶状態を生み出す製鉄過程のアナロジーから来ている。金属の焼きなましにおいては、E とはシステムのエネルギーを、T は温度を表す。これを応用すると、T とは解空間のどれだけの広さを探索するかを決定するのに用いられる統制パラメータである（つまり E においてどの程度の「上り坂」なら登る試行が許容されるか）。焼きなましプロセスの最初のうちは、ほぼすべての試行を受け入れるように設定される。探索が進むと、T は体系的に減少してゆき（システムが「冷める」）、可能な限り最小の E をとるパー

ティションだと信じることのできる（証明は不可能だが）点のコミュニティへの割り当てに落ち着く。そしてその時、モジュール性 Q は可能な限り最大の値をとる。

焼きなまし法で重要な技術は、「冷却」計画と手元にある問題の位相空間（phase space）内を適切に探索する試行を選ぶことにある。6.3 節のグッピーの例では、ネットワークの問題に当てはまるよう経験的に選んだ三タイプの試行を考慮した。

1. 一点がランダムに選ばれ、ランダムに選ばれた一コミュニティに割り当てられる。
2. 二点はランダムに選ばれ、コミュニティを入れ替える。
3. 一点はランダムに選ばれ、そのネットワーク最近隣接者のコミュニティに割り当てられる。

各タイプの試行は等確率で選ばれるものとする。試行によって点は Q 空間内を近傍の他の点へと移動する。

統制パラメータ T の適切な初期値を選ぶために、1,000 回のランダム試行を実行し、試行ごとの平均 ΔE を計算する。95% の試行が受け入れられるように T を選ぶ。経験的に選ばれた $5ng$ 回の試行（n は点の数、g はコミュニティの数）を、その値が 5% まで減少するまで、統制パラメータの各値で実行する。五つの T の値で連続して $E(-Q)$ の変化が無視できるようであれば、計算は収束したとみなされる。

6.3　ケーススタディ：トリニダードグッピーのコミュニティ構造

トリニダードのアリマ川（Arima River）の流れのなかの隣接する二つのプール（上のプールと下のプールとする）で捕獲・マーキングしたのち再捕捉をした 197 匹の野生トリニダードグッピー（Poecilia reticulata）の集団の社会ネットワークをケーススタディとして用いよう（図 6.4 を参照せよ）。グッピーの集団は研究の進んでいるモデルシステムで、魚群は頻繁な離合集散性をもち、その社会ネットワークについては本書でもすでに用いている。本節の分析はデヴィッド・モーズリー（David Mawdsley）が行った。

最初は、グッピー社会のコミュニティ探索の出発点となるのは、図 6.5 に描かれた社会ネットワークであるが、これはフィルタリングして（第 3 章、第 5 章を参照せよ）、二回以上の共在が観察されたペアだけを含めている。図 6.5 と図

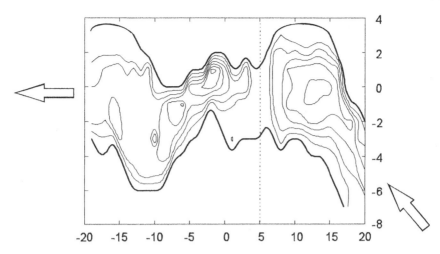

図 6.4 トリニダード・アリマ川の 40 m 区間のラフな地形図。水の流れを矢印で示し、等高線は水深を表す。点線の部分の浅瀬で分けられた二つのプールがある。垂直軸と水平軸とではスケールが異なることに注意せよ

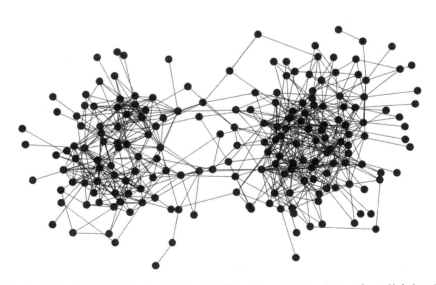

図 6.5 アリマ川の相互結合した隣接プールで得られたトリニダードグッピーの社会ネットワーク。各黒点は個別の魚を表す。辺で結合した個体は少なくとも二度同じ魚群にいたことを表す

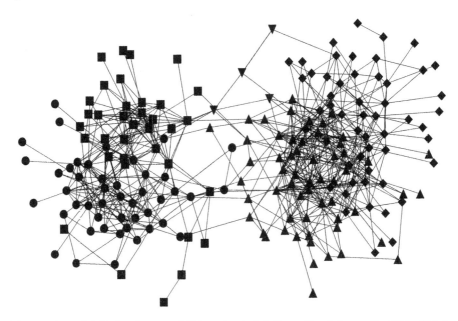

図 6.6 図 6.5 と同じネットワークを同じレイアウトを用いて描いたもの。点の形は、焼きなまし法（simulated annealing）により各魚が位置づけられた五つのコミュニティ（●，■，▲，▼，◆）のいずれかを表す

6.6 のネットワークは、ばね埋め込み法（第 3 章）でレイアウトされ、個体が捕捉された空間情報は何も用いられていないことに注意しよう。データ収集プロトコルを含む詳細については、クロフトらを参照すること（Croft et al. 2005）。統計的に有意味なコミュニティ構造の証拠を、この結合のネットワークのなかに見つけ出すことが目的だ。ここで選んだ例では、簡単に検出される自明なパーティション（二つのプールの地理的違いにより生じる）がかなりきれいに示されているが、各プール内には二つのコミュニティを分けるまったく自明ではないパーティションも示されている。これらも統計的・生物学的に有意味であり、集団の表現型による同類性と一致するのは集団と魚群の間を媒介するコミュニティレベルだということがわかった。

統計的に有意なネットワークコミュニティの特定

　Box 6.2 で概説した焼きなまし法を、図 6.5 のグッピーのネットワークに当て

はめると、図 6.6 に示されるコミュニティ構造が見えてくる。コミュニティは点の形でコード化されている。ネットワークには五つのコミュニティがある。このパーティションでの Q 値は 0.556 であり、比較的大きい。強力なコミュニティ構造をもつネットワークは、Q が 0.3 から 0.7 の間の値になりすいためだ（Newman and Girvan 2004）。Q 値が大きいということは、コミュニティ構造が存在することの必要条件ではあるが、必ずしも意味のあるコミュニティ構造が存在することを意味するわけではない。Guimerà Sales-Pardo, and Amaral（2004）は、ここで論じている意味で自明な「コミュニティ」をもたないランダムネットワークの多くで Q 値がかなり大きいことがあり、したがって統計的検定にかけて有意性を確かめることが重要だと指摘した。そうした検定は、明示的なネットワークベースのコミュニティ検索の作業の一部として決まってついてくるわけではない。しかし検定なくしては、パーティションがはっきりしているわけでもないかぎり、コミュニティのメンバーシップについて確実な結論を引き出すことはまず不可能だ。推定されるコミュニティ間に社会関係（辺）がたくさんあるような非常に動的なシステムにおいては、パーティションは必ず検定されなくてはならない。

　Q の有意性の検定に用いる方法は、モンテカルロ検定である（第 5 章または Manly 1997 を参照せよ）。日ごとの再捕獲率と群れサイズを保存したうえでデータのランダム化バージョンを作る（Ward et al. 2002）。ランダム化したデータから、ランダム化ネットワークを作り、フィルタリングをし、焼きなまし法を用いてランダム化ネットワークのなかで最大 Q 値となるコミュニティを探索する。この手続きを 1,000 回繰り返してランダム化ネットワークから得られる Q の期待値と実測値を比べ、P 値を得る。このケースで実験データを 1,000 回ランダム化した Q 値と実測値を比較すると、$P<0.01$ が得られる（実測値の $Q=0.556$ より大きかったのは、1,000 回のランダム化のうち 8 回だけだった）。こうして図 6.6 のコミュニティ構造が統計的に有意であることが結論づけられる。

グッピーのコミュニティ構造に影響する要因

　今や問われるべきは、見出したコミュニティのメンバーシップに生物学的な意味を与えられるかどうかである。この分析は研究対象のシステムに特有のものに

ならざるをえない。以下では、より詳細な分析のために十分なデータを含む四つの大きなコミュニティにだけ分析を集中させる（図6.6）。コミュニティは点の記号●、■、▲、◆で弁別する。五つ目のコミュニティ（▼）は四個体しか含まない。

ネットワークの自明な分離は、おもに調査地の下のプールで見つかる個体に関連する二つのコミュニティ（▲と◆）と、おもに上のプールで見つかる個体に関連する二つ（●と■）の間に見られる。この単純解釈を確かめるため、再捕捉された各魚群の川沿いの位置を見て、15日間の実験中に各個体が出現した川沿いの位置の中央値を検定変数とした。ほとんどの個体の遊動は広かったが、大多数は明らかにどちらか一方のプールでのみ再捕捉された。▲と◆を合わせたコミュニティ（n＝82, 中央値 x_{50}＝－13.6 m, 四分位数範囲（IQR）5.4 m）と●と■を合わせたコミュニティ（n＝111, 中央値 x_{50}＝＋11.2 m, IQR 1.7 m）は、再捕捉の位置が有意に異なっており（Mann-Whitney U（MWU）test；z＝－11.4, P＜0.001）、プール間での社会的紐帯はまれであることが確認できる。ニューマンとガルバンのGNコミュニティ探索法（Newman and Girvan 2004）では、プール間で分割する以上の進歩はこのネットワークではほとんどなく、焼きなまし法でえられる値（0.556）よりも小さいQ値（0.467）となってしまうことに注意が必要だ。上述したように、これはGN法の「一方向性」が顕在化した結果である。

一番興味深いのは、各プールに関連しているコミュニティ同士の比較である。各プールがコミュニティを二つずつ含むということは、ネットワークの因果推定からはまったく自明ではないためだ。実験期間を通じてプール内を大きく動きまわるため、捕捉地点の中央値は信頼できる検定変数とはならないだろう。そこでコミュニティに含まれる個体の体長の分布、捕捉時の水深の中央値（ほとんどの場所で深さが一定なので位置よりは信頼できる）、コミュニティに含まれるメスの割合の差異を調べた。

各プール内で、二つのコミュニティの体長中央値（図6.7）と捕捉水深中央値（図なし）は両方とも有意に異なっていた。同一プールのコミュニティ間で性的分離の証拠は見出されなかった。上下のプールでコミュニティ間のオス-メス間の分布は、一様分布から期待される分布と異なるとは言えなかった（上のプール

下部構造の探索

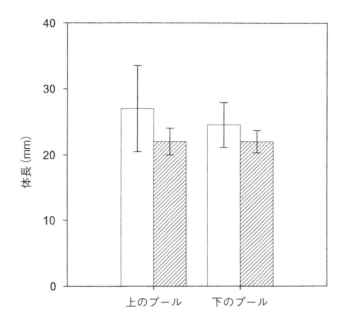

図 6.7 各プール各コミュニティのグッピーの体サイズの中央値（±四分位数範囲）。上のプール—●：影なし n=58, ■：影あり n=53, Mann-Whitney U test：z=-4.52, P< 0.001. 下のプール—▲：影あり n=46, ◆：影なし n=36, MWU test：z=-2.47, P=0.014.

—コミュニティ●：メス =37, オス =21；コミュニティ■：メス =27, オス =26；カイ二乗検定：χ^2=3.79, d.f.=1, P=0.052. 下のプール—コミュニティ▲：メス =33, オス =13；コミュニティ◆：メス =27, オス =7；カイ二乗検定：χ^2=1.38, d.f.=1, P=0.240）。しかし上のプールでは結果がほんのわずかに有意にならなかっただけで、性はコミュニティ構造に何らかの役割を果たしているかもしれないことは付言しておこう。

相互結合するコミュニティにおいて個体が果たす役割の特定

　トリニダードグッピーでは表現型による集団構造がグループレベルではなくコミュニティレベルで生じるということが事実なら、コミュニティ間の境界に位置する個体を特定することが興味深い問題となる。というのも彼らこそネットワークを結びつけ、集団内での情報の伝達や阻害にとりわけ重要な役割を演じると期待されるためだ。コミュニティ検出の最近の方法には（Reichardt and Bornholdt

[2004］の方法など）、あるコミュニティへの個体の割り当てに不確かなものも含める「ファジーな（fuzzy）」コミュニティ探索で、この問題に対処するものもある。ここではコミュニティのヒューリスティックな[iv]概念に訴える、より単純な方法を採用する。ネットワークの各点に対し、自分のコミュニティの他のメンバーと結合する辺の割合 f を計算する。ここでは恣意的に $f>0.7$ となる点をすべて、コア・コミュニティメンバーとしよう。すると 197 個体のうち 39 個体を除くすべてがコア・コミュニティメンバーである（うち 75 個体は $f=1$ で、コミュニティ内にだけ辺をもつ）。周辺的な 39 個体とは、コミュニティの観点では、より入れ替わりの多いメンバーということである。このグッピーのシステムでは体長は重要な要因かもしれないが、性や水深がコア・周辺個体を分けるのかどうか、はっきり決定できるだけの検定力をもたない。有意差は上のプールだけで見出された。●と■を合わせたコミュニティの周辺メンバー 20 個体の体長（$x_{50}=22.5$ mm, IQR＝4 mm）が、●のコアメンバー 48 個体の体長（$x_{50}=30$ mm, IQR＝12 mm；MWU test：$z=-2.84$, $P=0.004$)、■のコアメンバー 43 個体の体長（$x_{50}=22$ mm, IQR＝4 mm；$z=-2.18$, $P=0.03$) と有意に異なって（中間の値になって）いた。

ここで学んだこと

このケーススタディでは、二つのプールそれぞれに、同程度のサイズの二つの大きなコミュニティが特定されたが、それらは単なるデータ収集法の産物ではない。体長で同類化したコミュニティの存在が強く示唆された。ここでの結果からは性的同類化は示唆されなかったが、グッピーには体サイズの性的二型があり、メスがオスよりも大きく成長するということを考えると、性と体長はある程度共変すると考えるべきだろう。性やサイズが独立要因かどうかという問いに答えることができるのは、両性を含み体サイズをそろえた個体のコミュニティ構造の操作ができる実験的研究だけだ。物理的環境が重要な役割を果たすこともわかった。自然障壁は、上下のプール間では個体の行き来を制限し、またプール内では水深がコミュニティ構造に影響を与えていた。大きな個体はより深くにいる傾向があり、これは捕食リスクによって引き起こされていると考えられる（Croft,

---

[iv] 訳注：近似的に正しい

Botham, and Krause 2004b）。二つのコミュニティ間の境界の個体を特定し、そうした個体は二つのコミュニティに含まれる個体の体長の中間的な値を取るという（決定的ではないが示唆的な）証拠が見出された。

グッピーの集団における体長と性的分離の観点からの表現型同類化は、これまではグループレベルで行われてきた（Croft et al. 2003；Croft, Botham, and Krause 2004b）。ではこのシステムでコミュニティ構造について考えなければならないのはなぜだろう。この分析で示された可能性の一つは、コミュニティ構造（グループ構造ではなく）こそが、体長や性などの要因による表現型同類化を探索する場合、重要となるということだ。そうだとすると、グループレベルのインタラクションは、それらのグループが同じあるいは異なるコミュニティに属するかどうかによってまったく異なる重要性をもつことになる。同じコミュニティに属していて、コミュニティのメンバーシップがグループ構成を決定しているなら、グループ間では個体は自由に行き来できる可能性がある。関係性をつなぐネットワーク全体を探索することでのみ、そうした問いに答えられる希望がもてるのだ。

6.4　関連する方法

ネットワーク内にコミュニティを探索するその他の方法のいくつかについては、有名なガルバンとニューマンの方法（Girvan and Newman 2002）を含めてすでに言及してきた。コミュニティ検出は興味を掻き立て続けている。探索の新たな方法が、ここのところ毎月、物理学方面のネットワーク関連文献に出現しているようだ。ここでそれらの方法について完全なレビューを提示しようというのは愚かだし間違っている。そのかわり、ニューマンによる 2004 年までのレビューを薦める（Newman 2004）。そしてそれ以降現れたわずかな魅力的な方法にだけ注目する。それらの方法が共有する特徴の一つは、個体があるコミュニティに所属する強さを分析しようとしている点だ。

Reichardt and Bornholdt（2004）は、統計物理学の伝統においては中心的な方法を発展させて、この問題を局所的ネットワーク構造がコミュニティのメンバーシップと一致する・しないを反映するエネルギー関数における「エネルギー最小化」の問題として設定し直した。最小化を何度も繰り返し、ほぼ常に同じコミュ

ニティに属する点をそのコミュニティのコアと考え、別のコミュニティにも出現することもある点は「ファジー」なコミュニティメンバーと考える。Reichardt and Bornholdt は、エルデシュ＝レーニィランダムネットワークの結果との比較による、コミュニティの統計的検定の必要性についても議論した。

　ニューマン自身もコミュニティ探索の別の方法を生み出しているので言及しておくべきだろう（Newman 2006b；2006a）。ネットワークを二つに分ける（二分割（bi-partitioning））作業を繰り返し、アソシエーション行列から導かれる「モジュール性行列」の固有ベクトルを分析するのである。正確さと速さの組み合わせという点では、見てきた中でもっともよい方法の一つだ。各個体に対して、コミュニティメンバーシップとしての強度の指標（ニューマンが「コミュニティ中心性」と呼ぶものと同じである（Newman 2006b））が計算されることが、この方法の副産物だ。この指標と Reichardt and Bornholdt（2004）のファジーメンバーシップというのは、6.3 節で発展させたプール内のグッピーコミュニティーのコア・周辺メンバーを探索するというテーマの少し洗練化したバージョンなのである。

　ここまで概説してきた方法はすべて二つの中心教義にもとづいている。「質のよいコミュニティ」の最適化可能な信頼できる計量（モジュール性 Q が一般的だ）が存在すること、そしてすべての点はただ一つのコミュニティに属するということ、の二つである。前者について、Fortunato and Barthélemy（2007）は、モジュール性の信頼度には限界があることを示したが、ここで関心のあるサイズのネットワークでは問題になりそうにない。後者の教義に関していえば、私たち人間は自分が、仕事・余暇などと関連する二つ以上のコミュニティに属していると考えていることは明らかだ。Palla et al.（2005）は、コミュニティ探索の興味深い異なるアプローチを提案するが、それは個体が二つ以上のコミュニティに属する「重複（overlapping）」コミュニティを許容する方法である。k 個の点の完全結合グループである「k クリーク」のまわりにコミュニティを設ける。$k-1$ 個の点を共有する全 k クリークの重なり（union）として「k クリークコミュニティ」を定義する。第 5 章での議論を思い出してほしいのだが、著者らは重み付けのある辺をもつネットワークを想定しており、辺の重みによる閾値でフィルタリングし、一連の閾値と k 値でこの方法を試すことを薦めている。第 5 章で見

たように、コンポーネントに分割するすれすれのネットワークこそがもっとも豊富な構造をもっているという考え方にしたがい、二つのうち一方の数を選択する（他の点では恣意的な）経験則を発展させたのである。最終的に Palla et al. (2005) は、（構造をほぼもたないが）ランダム化ネットワークを用いて、そうしたコミュニティが頑健かどうかを確かめる。重複コミュニティの産出という「売り」が、他の方法でコミュニティメンバーシップの強度を探索してわかる以上のことを言っていないのではないかということは議論に値するが、この論文は、グッピーについての私たち自身の研究やネットワーク構造の探究をどのように進めるべきかという見方に、他の多くの点で共鳴を呼びおこしてくれた。

　もちろん、本章で焦点化してきた発展は他の分野でも並行して続けられている。データ中にグループやクラスターを探索する試みには長い歴史がある。社会科学では、述べてきたように、ブロックモデルやそれに似た考え方にもとづく方法論が山のようにあり（たとえば Wasserman and Faust 1994 を参照せよ）、その中には動物の社会ネットワークの研究で成果を生むものもあるだろう。生物学ですでにかなり用いられている方法の一つが、階層的クラスター化（Kaufman and Rouseeuw 1990）であり、ある計量で指標化された類似性にもとづいて階層組織に個体を配置してゆく。階層は「デンドログラム」あるいはツリー構造で表し、最小の枝の末端に個体を配置し、集団は幹で表される。計量がアソシエーション指標のような関係性データなら、結果として現れる階層構造はネットワークを描かなくても、本章で論じてきたネットワークコミュニティ分析と本質的に同じものとなる。しなくてはならないのは、（少し恣意的なこともあるが）デンドログラムをどこで切って、強くアソシエートする個体のクラスター（コミュニティ）をわかるようにするかを選ぶという作業だけである。

6.5　動物の社会ネットワークへの応用

　ほのめかしてきたように、集団のなかに「中間レベル構造」を探索するという発想は新しくない。さまざまな分野で繰り返し何度も改良され、動物の集団中の社会構造の探索に用いられてきたアプローチもある。Whitehead and Dufault (1999) は、本章で論じたタイプの構造の探索にアソシエーションデータを用いた研究について、広範な分類群にわたるすばらしいレビューを行った。用いられ

た方法には、階層的クラスター化や主座標分析も含まれている。Whitehead and Dufault（1999）は異なる枠組みのいい点に触れ、そのシステムが何個体を含むかに応じて一番よいアプローチを示唆した。

　Whitehead and Dufault（1999）のレビューが公表されてからというもの、アソシエーション指標にもとづくクラスター分析が使われることが多くなった。たとえばルソーらは、ニュージーランド・ダウトフルサウンド（Doubtful Sound）のハンドウイルカ（*Tursiops* spp.）のアソシエーションにもとづくデンドログラムを構築し、他の個体よりも共在することの多い個体の両性グループ（本書の用語ではコミュニティ）を三つ検出した（Lusseau et al. 2003）。こうしたグループ構成となるのは、著者によれば他の集団から地理的に隔離されたことによって生じたこの集団に特有の社会構造であることを示唆する。

　クロスらに、クルーガー国立公園のアフリカスイギュウ（*Syncerus caffer*）の複数の観察期間にわたるアソシエーションをクラスター分析にかけ、スイギュウの群れ（herd）はそれまで仮定されていたやり方では境界がはっきりしないことを見出した（Cross et al. 2004）。クラスター化した社会構造は、疾病動態の動的社会ネットワークモデルにも寄与する。クロスらは、離合集散集団のデンドログラムを決定する際に用いる、新しいアソシエーション指標（離散決定指数（fission decision index）。Box 3.3 を参照せよ。）の他の指標に優る点について論じた（Cross, Lloyd-Smith, and Getz 2005）。

　Wittemyer, Douglas-Hamilton, and Getz（2005）は、アソシエーションにもとづくクラスター分析により、アフリカゾウ（*Loxodonta africana*）の集団に四つの階層（tier）を特定し、季節・研究期間・年齢の、構造や各階層の凝集性に対する影響を調べた。Vonhof, Whitehead, and Fenton（2004）は、スピックススツキコウモリ（Spix's disk-winged bat）（*Thyroptera tricolor*）の標識再捕獲調査で、コウモリ間の新たな社会構造を特定した。グループの空間的遊動範囲は重なり合っているのに、グループ間結合をほとんどもたない非常に境界がはっきりした両性社会グループ（コミュニティ）を発見した。コミュニティのメンバーシップは集団内の血縁と協力関係にもとづくことが示唆された。

　本章で提示したタイプのコミュニティ分析を使用した研究はこれまでほとんどない。そのうち最初の例がルソーとニューマンの研究で、GN アルゴリズムを用

いてダウトフルサウンドのハンドウイルカの集団内にコミュニティとサブコミュニティを特定し、そのメンバーシップと性年齢による同類性と関係づけた（Lusseau and Newman 2004）。コミュニティ間のつなぎ（link）としての役割を果たす個体を特定し、彼らが集団全体としての社会的凝集性に決定的働きをすると考えられた。ルソーらはスコットランド東岸沖のハンドウイルカの別の集団を研究した（Lusseau et al. 2006）。二つの社会単位が見出され、その間はかなり限定的な結合しかもたないことを発見した。異なる長さのスケールで社会構造を探索することで、二つのコミュニティは単なる空間的分離ではなく純粋に社会的親和性（affiliation）により形成されたものだと結論づけた。

Wolf et al.（2007）は、ガラパゴスアシカ（*Zalophus wollebaeki*）のある島内集団に対して、焼きなまし法とランダム化検定を用いて6.3節に似た分析を行った。おおむね空間利用で説明できる有意なコミュニティ構造が存在していた。しかし各コミュニティには有意なサブコミュニティも存在し、そのメンバーシップは空間利用・オスの縄張り・性年齢の同類化では説明できなかった。こうしたサブコミュニティの存在は、純粋な社会的親和性・遺伝的血縁関係・またはその両方の組み合わせで説明できるのではないかと提案した。

6.6 結語

本章のメッセージは、多くの動物の社会ネットワークには、結合しあうクラスターや個体のクラス間の選好的結合から成る下部構造がありそうだということだ。幸運なことに、このタイプの下部構造の探索に利用できる技術はたくさんある。それらを探索し分析することで、手持ちのシステムについて他の手段では見出すことが困難な興味深い事実を明らかにできる。前章で述べたとおり、見出した構造はどれも額面どおり受け取ってはいけない。それらは徹底的に統計検定にかけねばならない。最後に、動物の社会ネットワークのどのモデルも、コミュニティのような構造を考慮していることを頭に入れから第7章に進もう。各コミュニティ内でネットワーク特性に顕著な変異があるようなら、ネットワーク全体にわたってその特性をたった一つの指標で表そうとしても、ただ誤解を招くだけだろう。

第7章
ネットワーク間比較

　動物の社会ネットワークの探究は終わりに近づいてはいるが、ここまでは単一のネットワークの構造分析の方法についてのみ考えてきた。ネットワーク同士を比較することができれば、ネットワークアプローチは全体としてより魅力的なものとなるのは明らかであり、これこそが実質的方法に関する最後の章の主題である。

　比較法は生態学や進化論における強力なツールであり（Harvey and Pagel 1991）、コンテクスト・集団間・種間で比較をすることで、行動の至近・究極要因についての洞察が得られる（Krebs and Davies 1996）。比較法の成功と、個体と集団の間の溝を橋渡しするネットワークの潜在的可能性を考えれば、実測されたネットワーク間で統計的に頑健な比較をすることさえできれば、大きな成果が期待できる。集団内・間、種内・種間でネットワークを比較したり、集団間や種間、環境条件など異なるコンテクスト間で社会関係をそれぞれ弁別する構造的特徴があるのかどうかを調べたりしたくなるだろう。

　ネットワークの比較という主題が本書の最後にきているのは、あまり面白くないとか重要でないとか思っているからではなく、とくに集団間・種間での比較となると、動物行動学分野で引用できる例がほとんどないためである。社会ネットワーク理論を霊長類社会に応用した初期の研究のレビューのなかで、Sade and Dow（1994）は、種間の社会ネットワーク構造の比較について言及し、このアプローチが動物社会の社会体系（architecture）について、広範な一般化を可能にする方法になりうると示唆した。Maryanski（1987）は、アフリカ類人猿の社会組織構造に関する当時あった複数の仮説をネットワークの観点で比較し、チンパンジー（*Pan troglodytes*）、ゴリラ（*Gorilla gorilla gorilla*）は社会組織のパタンに類似の構造的配列（structural arrangements）があると結論づけた。しかしこの分析は、異なるコンテクストにおいて弱・中・強の三タイプに紐帯をカテゴリー化することにもとづいている。このアプローチはネットワークにおけるアソシエーションパタンの構造的複雑性を考慮していない。さらに質的分析が大半で

あり、見出されたパタンの有意性は検証されていない。集団間・種間でネットワークの比較を行うには、ネットワークの構造的特徴が有意に異なるのかどうかを検証しなくてはならない。ある研究者は単一種の異なるコンテクスト間でネットワーク比較を利用してきたし、別の研究者は種間でネットワーク比較を利用してきた。使った方法を考察する際には、これらの例を取り上げよう。

　この重要な主題が最後まで残された第二の理由は、方法論上の観点からは、まだ完全には解決されていない問題が残っているということである。結果として、私たちの説明では答え以上に問いが残されてしまうことになる。ここではネットワークの量的比較のための現在あるオプションをいくつか探究する。この中で、ネットワーク間比較がはるかに長い伝統となっている社会科学分野の先を行くことさえあるだろう（Katz and Powell 1953）。そこで発展してきた方法のうちどれだけが動物の社会ネットワークの研究に直接利用できるかは見きわめねばならないが。現時点では、ネットワーク間比較のなかには扱いやすいものもあるとだけ述べるにとどめよう。

　はじめの一歩として、ネットワーク間比較を以下の二つのカテゴリーに分けておくとよい。

1. （多かれ少なかれ）同じ個体の集まりによる二つ以上の既得ネットワーク間の比較。
2. 異なる個体の集まりによるネットワーク間の比較。

　分類枠組にはよくあることだが、これは完全なものではなく、たとえばカテゴリー2に使われる方法のいくつかはカテゴリー1にも応用できる。ネットワーク構造のモデルにより比較が容易になるかどうかに関して、カテゴリー分類を平等に決定できた。異なる数の個体やインタラクションを含むネットワーク同士の比較に固有の問題に挑む私たちにとって、これは本章で繰り返されるテーマである。

　本章は次のように構成されている。まず上のカテゴリー1におけるもっとも単純なもの、つまりまったく同じ個体の集合で構築された二つのネットワーク間の比較を行う。この場合、二つのネットワークが互いに全体として一致するかどうかを確かめるには、行列相関検定（matrix correlation test）を用いることができる（7.1節）。（たとえば毛づくろいなどの）行動観察の一セットから生み出され

たネットワークが、（たとえば敵対的インタラクションなど）他の行動から生み出されるネットワークと一致するかどうかに関心がある、といった場合である。同じ検定は、方向性のあるインタラクションが互恵的な傾向があるかどうかを検討するのにも利用できる。また実際、（たとえば血縁度など）個体間の類似性から生み出される行列と単一のネットワークとを比較し、ネットワークの形成に生物学的類似性が影響を与えるかどうかという仮説の検証を行うこともできる。この最後のアプローチをさらに拡張させた偏行列相関検定（partial matrix correlation test）では、（順位などの）属性変数が二つのネットワーク間の関係性に与える影響を統制することができる。

同じ個体間のインタラクションを表すネットワークなのだが、別時点のネットワーク同士を比較したいということもあるだろう。社会科学分野では、そうした比較は「時系列ネットワーク分析（longitudinal network analysis）」と呼ばれる。もちろんいつも同じ個体が含まれるように観察の反復を計画できるわけではない。社会的親和性の長期研究からネットワーク構造の時系列分析を行い、その長期的傾向やライフヒストリー効果などを見出そうとしても、出生・死亡・移出・移入のために同じ個体により構築されるネットワーク同士を比較していることにはならない。

このあたりから少しずつややこしくなっていく。標準的な相関検定は、ネットワークが異なる個体を含む場合や、二つ以上のネットワークを比較する場合にはもはや妥当ではない。個体数の変動というのは、実際、大問題である。7.2節で概説するように、n個の点とE本の辺はいずれもネットワーク構造の指標に大きな影響を与え、その違いは本質的な構造上の違いをすべて覆い隠してしまう恐れがあるためである。この問題を克服するために、第4章で提示した単純ネットワーク指標の利用することでネットワーク構造を特徴づける（そして比較する）可能性を探究しよう。nとEの効果を統制する有望な方法として、各ネットワークのある種のモデルを利用することを見てゆこう。このアプローチについては本書ですでに少し取り上げた。第4章で、エルデシュ＝レーニィランダムネットワークやレギュラーネットワークといった標準的で分析上扱いやすいネットワークは、パス長やクラスター化係数などの平均ネットワーク指標を比較する際の基準としてはたらくという考え方を紹介した。第5章と第6章では、モンテカ

ルロ法を利用し、実測された構造の統計的有意性を検定することを提唱した。こうした方法に本質的だったのは、生物学的意味の探求を始める前に統制せねばならない（この場合他と同じくらいデータ収集プロトコルの）特徴を決めて、帰無モデルを構築することであった。7.3節では、社会科学者が単一ネットワークの構造の特徴づけに利用するモデル群を短く紹介し、それらがいかに時系列分析におけるネットワーク間比較や、集団間・コンテクスト間・種間のネットワーク比較のツールとして応用されてきたのかを説明しよう。

7.1 同一集合を指標する二つのネットワーク間比較

本章で考慮するもののうちもっとも簡単な場合、つまり同じ個体の集合により構築される二つのネットワーク間の比較から始めよう。二つのアソシエーション行列（第2章を参照せよ）の値の分布を比較する。本書では生物学的起源か物理学的起源かによらず、またインタラクションやアソシエーションが重み付けありかなしか、方向性のありかなしかによらず、何であれ一対ごとの関係性の集合という意味で「アソシエーション行列」という用語を使用していることを思い出そう。

さて二つのアソシエーション行列を $\mathbf{X}$ と $\mathbf{Y}$ と呼ぶこととしよう。これらは正方行列で、行と列の数は個体数と同じである。そして各行列は異なるインタラクションまたはアソシエーション指標を表しているものとする。行列の成分 X_{ij} は個体 i と j の間の $\mathbf{X}$ におけるインタラクション強度を表す。表7.1に単純な例を示す。

$\mathbf{X}$ と $\mathbf{Y}$ の比較には相関検定が利用でき、$\mathbf{X}$ における大きな（または小さな）

表7.1
A〜Cと表記された同一個体に由来するが異なるネットワークを表す仮想アソシエーション行列 $\mathbf{X}$（左）と $\mathbf{Y}$（右）。どちらも重み付けありだが方向性はなし

	個体				個体		
		A	B	C		A	B	C
A		0	4	5	A	0	1	2
B		4	0	6	B	1	0	3
C		5	6	0	C	2	3	0

値が **Y** においても同じく大きい／小さい傾向があるかどうか（正の相関）、あるいは逆が真、つまり **X** における小さな値が **Y** における大きな値と関連するかどうか（負の相関）を調べる。もしそうなら二つの行列は相関し、二つのネットワークに表現された行動間にはネットワークレベルでの（相関的な）つながりがあるとわかる。しかしピアソンやケンドールの順位相関検定といった標準的な方法（Sokal and Rohlf 1994）は、データポイントが独立であることを仮定しているため適切ではない。前章までに論じてきたように、同じ個体が繰り返し現れることで行と列の間には従属関係が生じるため、行列の成分は独立ではない。行列の統計分析に関わるこの問題の詳しい議論については、Douglas and Endler (1982) を参照せよ。行列間比較には、この相互従属性を許容する統計手法を用いねばならず、行列の行または列の置換（permutations）を行うランダム化手法（第5章を参照せよ）に、再び立ち戻らねばならない。

マンテル検定

おそらくもっともよく知られ広く利用可能な行列比較のための置換検定はマンテル検定だろう（Mantel 1967）。マンテル統計量 Z は二つの行列 **X** と **Y** の対応し合う成分同士の積の和として表される。

$$Z = \sum_{i=1}^{n}\sum_{j=1}^{n} X_{ij} Y_{ij}$$

n は各ネットワーク内の個体数を表す。表7.1における $n=3$ の単純な例では、左上から右下にかけて足し算すると次のような値を得る。

$Z = (0\times 0) + (4\times 1) + (5\times 2) + (4\times 1) + (0\times 0) + (6\times 3) + (5\times 2) + (6\times 3) + (0\times 0) = 64$

Z の統計的有意性は、ランダム化手法で計算される。片方の行列の行と列に対して一連のランダム置換を実行するのである。各置換では **X**（こちらの行列を置換するものとしよう）に出てくる個体の順序をランダムに並び替えるが、どの二個体間の数値も変更しない。検定統計量 Z は置換ごとに、並び替えられた行列 **X** と並び替えを行っていない行列 **Y** との相関をとって計算される。Z の有意

確率は、実測データで計算される値よりも大きい検定統計量となったランダム置換の全置換に占める割合である。マンテル検定は SOCPROG のような統計パッケージで比較的簡単に実行できる（Box 1.1 を参照せよ）。行列比較に有用でとても簡単に使えるプログラムに、シャーロット・ヘメリック（Charlotte Hemelrijk）の MatrixtesterPrj がある（Hemelrijk 1990a；1990b）。これはより細かい検定を扱うこともでき、そのうちいくつかは後で少し紹介しよう。当たり前だが、表7.1 の単純な行列は、マンテル検定では完全な相関を示し相関係数は 1, $P<0.001$ となる。

マンテル検定の応用

　ここで少し立ち止まって、マンテル検定の簡単な利用の例として、同じ個体の集まりを指標する二つのネットワークの構造比較を挙げよう。私たち自身のグッピー（*P. reticulata*）に関する研究では、この方法を用いて協力的インタラクションを行う個体同士が、社会的にアソシエートするかどうかを検討した（Croft et al. 2006）。捕食者監視行動（predator inspection）、すなわち個体が比較的安全性の高いグループを離れ捕食者に近づき監視し、その状態と攻撃の可能性についての情報を得る行動（Pitcher, Green, and Magurran 1986）というコンテクストでの協力を調べた。先行研究では、協力的パートナー関係にある魚同士は捕食者監視によるリスクを共有すると示唆されてきた（Milinski 1987；Dugatkin 1988）。グッピーは協力する他個体との間に社会的に安定したアソシエーションを形成するだろうという予測を検証するために、「どの個体がどの個体と群泳（shoaling）したか」を示す、群泳行動のアソシエーション行列（**X**）と、「どの個体がどの個体と監視または協力したか」を示す、捕食者監視行動におけるアソシエーション行列（**Y**）を、マンテル検定を用いて比較した。二つのネットワーク（群泳と監視）は時期の異なる観察ごとにまとめた。見出されたパタンを一般化できるように、19 の独立したサンプルから得られたネットワーク対を用いて比較を反復（replicate）した。サンプルのうち行列 **X** と **Y** の一例を表7.2 に示した。どちらも方向性のない関係なので、各行列の半分は示す必要がない。その代わりに左下半分が **X** を右上半分が **Y** を表すようにした。**X** の各値は二個体間のアソシエーション強度（AS）を、**Y** の各値は二個体間の監視強度

表 7.2
Croft et al.（2006）の研究における、魚 12 個体（A から L と表記）によるアソシエーション行列のペアの例。対角線より下はアソシエーション強度（AS）（1 分間隔で 30 回の観察中、ペアが同じ群れで観察された回数）、上は監視強度（IS）（30 分の観察中、ペアがともに捕食者を監視したのが観察された回数）。たとえば個体 B と C のペアでは、$AS=20$, $IS=10$

	A	B	C	D	E	F	G	H	I	J	K	L
A		6	6	7	5	4	5	6	7	7	7	5
B	17		10	7	6	8	6	6	5	6	4	5
C	21	20		7	7	6	8	6	6	4	5
D	16	16	14		6	6	7	7	7	7	4	5
E	12	12	13	15		6	8	11	5	7	5	5
F	11	13	12	16	21		6	8	7	6	3	5
G	10	8	8	9	12	7		7	5	9	4	5
H	8	6	5	12	14	14	7		9	7	5	5
I	14	14	14	13	11	12	12	13		6	5	5
J	10	7	7	7	9	12	8	12	6		5	6
K	10	9	9	10	10	10	11	14	10	14		4
L	6	7	7	8	9	7	8	9	6	10	8	

（IS）を表す。詳しくは Croft et al.（2006）を参照すること。このネットワーク対には魚 12 個体が含まれ、$Z=4,523$, 相関係数 $=0.32$, $P=0.019$ となる。

ネットワーク全体の傾向を検討するために、ネットワーク対ごとの P 値をフィッシャーのオムニバス検定（Haccou and Meelis 1992）を用いて統合した。社会ネットワーク内の一対ごとのインタラクションの AS と捕食者監視行動における IS の間には有意な正の相関が見い出された（フィッシャーのオムニバス検定：$f_{38}=78.12$, $P<0.001$）。これらの結果は、自然環境下の魚群において、インタラクションの繰り返しは捕食者監視時の協力的インタラクション形成の一要因となることを示唆する。

反復に関する注意

ネットワーク間を比較する際、より一般性のある結論を導けるよう研究を反復できれば明らかに有用だ。たとえば小学生の友人ネットワークに興味があるとす

ると、特定の小学校の友人ネットワークだけでは知りたいことの全部はわからない。複数の小学校を代表するサンプルの友人ネットワークを分析すべきである。各ネットワークの分析に次いでネットワーク比較を行い、そこから友人関係についての一般性のある結論を引き出すことができる。

上の論理は明らかに思えるが、すでに何度か言及したように、数多くのネットワーク分野の研究の中で反復を行ったものはまったく見られない。異種間比較をしようとする場合には、この点はとくに心配だ。一種につき（たとえば一集団から得られた）たった一つのネットワークだけが利用可能であるような場合、ネットワークの種内変異が、種間変異と同じ程度なのか（あるいはより大きいのか）どうかは、知ることができない。

行列相関検定のさらなる利用と拡張

少々変更を加えると、マンテル検定は当初の期待以上に使えるようになる。しかしもちろん限界があるので、ここでいくつかのバリエーションを考えておくとよいだろう。以下、シャーロット・ヘメリックの二編のきわめて慎重な論文にしたがう（Hemelrijk 1990a, 1990b）。彼女はこれらの論文で同サイズの行列間を比較する場合に生じる多くの問題に挑んだ。彼女のおもな関心は、霊長類における互酬性（reciprocity）（同じ行動を交換すること）と交換性（interchange）（相手の行動に応じて別の行動を返すこと）を特定することにあった。

マンテル検定は外れ値による影響をかなり受ける。というのも外れ値はその成分を含むすべての行や列に影響するためである。そのためヘメリックは二つの重み付けのある行列 X、Y 間の「絶対的」相関だけでなく、（重みによって順位づけられた成分をもつバージョンの行列間の）「相対的」相関、そして（二値化されたバージョンの行列間の）「質的」相関も体系的に調べることを提唱した（Hemelrijk 1990a）。彼女はそのために、X と Y の順位成分についてのマンテルの Z 値である統計量 R や、ケンドールの τ に相当する値の統計量 K（順位相関係数。詳しくは Hemelrijk 1990a を参照せよ）、またこれらの指標を変形して用いた。

例を挙げよう。方向性のあるネットワークでは、成分 X_{ij} は個体 i から個体 j へのインタラクション強度を表し、X_{ji} は j から i へのインタラクション強度を表す。したがってインタラクションが互酬的な傾向があるかどうかを検証するに

表 7.3
飼育下のオスチンパンジーの敵対的介入の行列。Hemelrijk（1990a）より再掲。論文には一対ごとの関係の強度をどのように指標化したかの詳細が記載されている

		レシーバー						
		Y	D	WO	JO	FO	TA	JA
アクター	Y	0	1	0	0	3	0	2
	D	0	0	0	0	0	0	1
	WO	0	3	0	0	2	2	2
	JO	0	1	0	0	2	1	3
	FO	2	4	0	2	0	0	0
	TA	0	1	4	3	0	0	1
	JA	1	1	0	3	2	2	0

は、**X** の列が行となる行列 **Y** を作り（**Y** は **X** の「転置行列」である）、**X**（アクター行列と呼ぶことがある）と **Y**（レシーバー行列）の行列相関検定を行えばよい。もし有意な正の相関があればインタラクションは互酬的な傾向があるといえる。

　ヘメリックは、この方法でアーネム（Arnhem）のバーガー動物園（Burger Zoo）で飼育されているチンパンジーのオス間の敵対的インタラクションにおける援助（support）の互酬性について検討した（Hemelrijk 1990a）。ここでは、援助とは個体 B と C の闘争における個体 A の攻撃的介入として定義され、ここで攻撃は B から C、C から B のいずれか向いているものとし、攻撃が双方向の場合は含まない。A が C に対して介入行動を向けるなら、A は B を援助したとみなす。表 7.3 の援助の行列を出発点としよう。

　ヘメリック（1990a）は、まず各行列の成分を行ごとに順位づけする K 検定を改良して「相対的」互酬性を検討した（表 7.4）。こうして統計量 K_r を計算し、ランダム化により検定する。$K_r=14$, $P=0.05$ であり、相対的方法では、援助行動は互酬的であることが示唆される。しかし表 7.3 の行列をその転置行列と比べてみると、今度は、二つの行列間の「絶対的」相関は有意ではないことがわかった（マンテル検定：$N=7$, $Z=70$, $P=0.12$）。相対的検定と絶対的検定で食い違い

表 7.4
(a) 飼育下のオスチンパンジー間の敵対的介入（表7.3を参照せよ）を列内で順位づけした行列。(b) 転置行列を列内で順位づけした行列。データは Hemelrijk（1990a）から引用

<table>
<tr><td colspan="2"></td><td colspan="7" align="center">レシーバー</td></tr>
<tr><td></td><td></td><td>Y</td><td>D</td><td>WO</td><td>JO</td><td>FO</td><td>TA</td><td>JA</td></tr>
<tr><td rowspan="7">アクター</td><td>Y</td><td>0</td><td>4</td><td>2</td><td>2</td><td>6</td><td>2</td><td>5</td></tr>
<tr><td>D</td><td>3</td><td>0</td><td>3</td><td>3</td><td>3</td><td>3</td><td>6</td></tr>
<tr><td>WO</td><td>1.5</td><td>6</td><td>0</td><td>1.5</td><td>4</td><td>4</td><td>4</td></tr>
<tr><td>JO</td><td>1.5</td><td>3.5</td><td>1.5</td><td>0</td><td>5</td><td>3.5</td><td>6</td></tr>
<tr><td>FO</td><td>4.5</td><td>6</td><td>2</td><td>4.5</td><td>0</td><td>2</td><td>2</td></tr>
<tr><td>TA</td><td>1.5</td><td>3.5</td><td>6</td><td>5</td><td>1.5</td><td>0</td><td>3.5</td></tr>
<tr><td>JA</td><td>2.5</td><td>2.5</td><td>1</td><td>6</td><td>4.5</td><td>4.5</td><td>0</td></tr>
</table>

<table>
<tr><td colspan="2"></td><td colspan="7" align="center">アクター</td></tr>
<tr><td></td><td></td><td>Y</td><td>D</td><td>WO</td><td>JO</td><td>FO</td><td>TA</td><td>JA</td></tr>
<tr><td rowspan="7">レシーバー</td><td>Y</td><td>0</td><td>2.5</td><td>2.5</td><td>2.5</td><td>6</td><td>2.5</td><td>5</td></tr>
<tr><td>D</td><td>2.5</td><td>0</td><td>5</td><td>2.5</td><td>6</td><td>2.5</td><td>2.5</td></tr>
<tr><td>WO</td><td>3</td><td>3</td><td>0</td><td>3</td><td>3</td><td>6</td><td>3</td></tr>
<tr><td>JO</td><td>2</td><td>2</td><td>2</td><td>0</td><td>4</td><td>5.5</td><td>5.5</td></tr>
<tr><td>FO</td><td>6</td><td>1.5</td><td>4</td><td>4</td><td>0</td><td>1.5</td><td>4</td></tr>
<tr><td>TA</td><td>2</td><td>2</td><td>5.5</td><td>4</td><td>2</td><td>0</td><td>5.5</td></tr>
<tr><td>JA</td><td>4.5</td><td>2.5</td><td>4.5</td><td>6</td><td>1</td><td>2.5</td><td>0</td></tr>
</table>

が生じるのはどうしてだろう？　その答えはおそらくマンテル検定の外れ値に対する感度のためだ。表7.3を見ると、オスDは援助を受けているのに、お返ししていない。この個体を分析から除外すると、相対的検定でも（$N=6, K_r=23$, $P=0.03$）、絶対的検定でも（$N=6, Z=68, P=0.04$）有意な互酬的傾向が見いだされる（結果は Hemelrijk 1990a より引用）。ヘメリックは、オスDが本研究期間における最上位個体だったと述べている。チンパンジーの援助ネットワークをプロットすると（図7.1）、少なくともばね埋め込み法のレイアウトでは、このオスがネットワークの中心的位置を占める。オスDはおそらく他のオスをそう頻繁に援助する必要がないのだ。

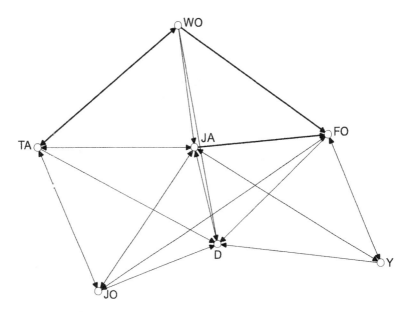

図 7.1　表 7.3[i]より描いたオスチンパンジー間の敵対的介入のネットワーク

　いわゆる「仮説行列（hypothesis matrix）」を構築することで、置換検定をネットワーク構造のモデルの検証に用いることができる（Hemelrijk 1990a）。この場合、行列 **X** は特定のタイプのインタラクションを表すよう構築した実際のアソシエーション行列である。行列 **Y** はネットワーク構造に影響をあたえる集団内の特徴（または属性）を反映するように研究者が仮定して構築する行列である。相対的順位・血縁・体サイズの相違といった個体間の類似性にもとづき仮説行列を構築する（Schnell, Watt, and Douglas 1985）。UCINET には点属性データから仮説行列を構築するのに便利な機能が *data>attribute* メニューにある。この機能は多くの選択肢の中から点属性のリストをインプットするだけで、数値間の差異行列を構築してくれる。

　ヘメリックは仮説行列の方法で、チンパンジーのメスについてセイファース（Seyfarth）の仮説（Seyfarth 1976, 1980）を検証した（Hemelrijk 1990a）。セイファースが示唆したのは、毛づくろい相手を巡る競合がない条件では、ヒヒ

---
[i] 訳注：原文は表 7.2 だが表 7.3 の誤り

(*Papio cynocephalus ursinus*) でもベルベットモンキー（*Cercopithecus aethiops*）でも、メスは相手が高順位であればより頻繁に毛づくろいする、ということである。ヘメリックは八頭のメス間で「誰が誰を毛づくろいした」を表すアソシエーション行列 **X** と、ペア間の順位差を表す行列 **Y**（数値が大きければより順位が異なる）を構築した。これらの行列間には、有意な相関関係が見いだされ（$N=8$, $K_r=53$, $P=0.0005$）メスは自分より優位なメスをより頻繁に毛づくろいする傾向があることが示唆された。

別の論文で、ヘメリックは仮説行列の方法を拡張し、第三の変数を統制したうえでネットワーク間比較を行った（Hemelrijk 1990b）。もちろんどんな二変数間の相関検定を用いても、変数間に因果関係があるかどうかは知ることができないが、他の要因の役割を考慮するのは有用である。ヘメリックがしたかったことを最後の二例を参照して説明しよう。霊長類のメスがより順位の高いメスに対してより頻繁に毛づくろいするならば、毛づくろいと競合の際援助を受けることとの間の相関は見かけのものかもしれず、単に毛づくろいと順位の間の相関の副産物なのかもしれない。この可能性を探究するため、ヘメリックはセイファースの論文（Seyfarth 1976, 1980）のヒヒとベルベットモンキーの毛づくろい・援助・順位についてのデータを再利用した（Hemelrijk 1990b）。彼女は K_r 検定の偏相関バージョンの検定を開発・適用し、ケンドールの偏順位相関係数（Kendall 1962）との類推で行列を構築した。分析の結果、闘争時に介入を受けることと毛づくろいしてあげることとの間の交換性は、ベルベットモンキーのデータでは疑似相関であったが、ヒヒの場合にはそうではないことが示唆された。

MatrixtesterPrj のようなプログラムは偏相関を比較的簡単に計算してくれる。これらの詳細な議論やその他の方法については、ヘメリックの傑出した論文を参照せよ（Hemelrijk 1990a, 1990b）。これらの論文は、本章の視野を超える行列相関検定の別のバージョンも扱っている。関係性データセット間に相関を見出そうとする場合には慎重さが必要だ、というのがこれらの論文の重要なメッセージである。K_r 検定のような高度な検定は、統計的外れ値の問題を解決できるように見えるが、最善の検定を選んだときでも分析は慎重に徹底的にすることが肝要だ。

7.2 異なる個体によるネットワーク間の比較

　すでにほのめかしてはきたが、異なる個体・集団・種をメンバーにもつ二つ以上のネットワークを比較しようとする場合には、そうしたくなる理由は山ほどあっても、話は少し込み入ったものになる。たとえば種 A、B、C の社会構造を比較したいというような場合だけでなく、ネットワークを利用して時系列ネットワーク分析の枠組みで同一集団の長期的データセットを分析しようという場合にも、これらの困難は解決しておかなければならない。もし運よく同一のシステムを繰り返し観察できるだけの資金のある場合や、研究対象種の平均的な寿命よりも長く観察を継続できる場合には、自分のデータを適当な時間幅にスライスして、それぞれのスライスごとにネットワークを作り、時間的なネットワーク構造の進化を追いたいと思うだろう。典型的な時間スライスは、実験室ベースの研究では短期間となるし、フィールド研究では、連続複数年のうちに繰り返し得られた集団のサンプルである。数多くの長期データセットが存在し、そうした分析が可能なことは確かなのだが、研究例はこれまでほとんどない。

　注目すべき一例として、クロスらはアフリカスイギュウ（*S. caffer*）の集団の 2002 年と 2003 年におけるアソシエーションにもとづく社会ネットワークを構築した（Cross et al. 2004）。一貫性をもたせるために、分析にはどちらの年にも生きていた無線発信機付き首輪を装着した 64 個体だけを含めた。この研究の第一目的は、伝染病に対する社会ネットワークの潜在的効果を見ることであった。階層的クラスター分析（第 6 章を参照せよ）を行い、各年のネットワークから 64 個体間のアソシエーションのデンドログラムを作成した。デンドログラム間の量的比較を行うことで、2002 年と 2003 年のネットワーク間を比較したのである。2002 年にはスイギュウは強く結びついたクラスターを三つ形成し、クラスター間のアソシエーションが生じていた。しかしそうしたクラスターは 2003 年には見い出されなかった（それゆえ 2002 年には集団のより大きな部分を経由して感染症が広まる可能性が高かった）。クロスらは階層的社会構造がゆるんだのは、とくに 2002 年末の乾期に対応した大移動のせいかもしれないと示唆している。

　各ネットワークの個体が同じではない場合のより一般的なネットワーク間比較を頑健に実行できることがわかれば、（時間変動する）単一集団の時系列分析に

ネットワーク間比較

とっても、集団間や種間の分析にとっても、ネットワーク間比較で探究できることの可能性はきわめて魅力的なものとなる。しかし潜在的に邪魔な問題が存在する。第一に、おそらくもっとも重要なことだが、二つ以上のサイズの異なるネットワークを比較できなくてはならない、という問題である。マンテル検定や類似の検定法を用いていたのでは、始めからネットワーク行列を直接比較できないのである。そこで次数・パス長・クラスター化係数といったネットワーク指標間の比較に集中しなければならない（第4、5章を参照せよ）。

このアプローチの一例はBarbási et al. (2002) の研究で、彼らは1991年から1998年までの間、（誰が誰と共著で論文を出版したかという）科学的共同研究のネットワークを一年ごとに生成し、ネットワーク構造を比較することで、ネットワークの進化を観察した。平均次数と平均クラスター化係数といった点ベース指標を比較した。彼らは「優先的選択（preferential attachment）」（新たな著者が結合をすでに多数もっている著者と出版しようとする傾向）がネットワーク進化の原動力となっていると結論づけた。面白い研究ではあるが、この研究はネットワーク進化モデルを用いることに決定的に依存している。異なるサイズ・辺からなるネットワークに由来する構造的計量を直接比較することの落とし穴を、少なくとも部分的には、打破しなくてはならない。これから見てゆくように、社会科学における時系列（そしてその他の）ネットワーク間比較の開発も、ネットワークモデルの使用に大きく依存するようになった。小休止を入れて、ネットワーク計量間の軽率な比較はなぜいけないかを理解しよう。

点・辺の数の効果

ここでの問題は単純で、ネットワーク指標の多くは点の数（n）と辺の数（E）で変動するということであり、可能ならこれを統制する必要がある。単純な例で要点を説明しよう。連続三年間、それぞれ$n=100, 200, 300$個体と増大する集団のネットワークを構築することを考える。議論のために、各年で平均次数は$k=10$であることがわかっているものと仮定する。（それ自体面白い研究結果だがおいておこう。）平均パス長Lと平均クラスター化係数Cを用いてネットワークを特徴づけ、表7.5の結果を得たとする。変化する社会ネットワークの構造的指標を比較することで、集団の社会構造の進化に関して結果をどのように解釈し

表 7.5
サイズ n が増大する集団から構築したネットワークの平均パス長 L とクラスター化係数 C の仮説的数値

	観察年		
	1	2	3
n	100	200	300
L	2.0	2.3	2.5
C	0.1	0.05	0.03

たらよいだろう。この社会は年ごとにクリークを作らなくなり（C が減少）、より「絡み合う（stung out）」（L が増加）ようになったのだろうか？

そうではあるまい。ランダムな二点間に辺が配置されるエルデシュ＝レーニィランダムネットワークの指標の期待値と完全に一致するように図を慎重に選んだのだ。第 4 章で見たように、そうしたネットワークは、平均次数を定数とすれば、まさに表 7.5 で見られるように、平均パス長は n の増加とともに対数的に増加し（式 4.8）、平均クラスター化係数は n の逆数に比例する。言い換えれば、個体が完全にランダムなインタラクションをする「成長」ネットワークは、まったくこのとおりに時間変化することになるのだ！ ネットワーク指標におけるその他の不要な変動も辺の数 E に強く依存するために、簡単に生じてしまう。

したがって、比較しようとする全ネットワークが同数の点と辺を含むものとして研究を計画できないなら、単純な点ベース指標の直接比較は危険だ。そうした比較をしたければ、少なくとも表 7.5 の値の計算を反復し、点ベース指標に生じる差異の大きさの期待値にベースラインを与えておくのが賢明だ。n や E を一致させられない場合、次善の策は辺密度（第 4.1 節）が近いネットワーク間の比較を試すことである。不完全なサンプリングはどのネットワークにおいても n と E の両方の誤った値を与えてしまうことや、ネットワーク構築のたびごとのサンプリング誤差が同等であるとの自信がもてないかぎり、それらの間の比較はすべてこれらの問題の対象となってしまうことは、もちろん付言しておかねばならない。

点と辺の数がかなりよく一致する状況なら、こうしたことは一切心配する必要

がないのはもちろんだ。Sundaresan et al.（2007）は、アソシエーション強度と半荷重指標（half-weight index）（第3章を参照せよ）を用いて28頭のグレビーシマウマ（*Equus grevyi*）と29頭のオナガー（インドノロバ *Equus hemionus khur*）のネットワークを構築した。それまで、これら二種の近縁なウマ科はまったく異なる環境に暮らしているが、同じ社会構造をもつと考えられてきた。Sundaresan et al.（2007）は、二つのネットワーク間で（とりわけ）クラスター化係数とパス長を、ランダム化手法の一つである二標本置換検定（Good 2000）を用いて比較した。社会構造は二種で同じではなく、その差異は環境条件の違いと一致すると結論づけられた。たとえばオナガーは開けた砂漠で生息するため、より茂みの多い環境で生息するグレビーシマウマに比べてアソシエーションの再形成はたやすい。このことが、グレビーシマウマのネットワークが有意に大きなクラスター化係数をもつ、つまりより大きな派閥（cliquishness）をもつという事実に反映されているのである。

　Sundaresan et al.（2007）の分析は、ネットワーク構築のためのダイアド間のP値計算といった、私たちが先に潜在的に問題があると指摘してきた方法論的ステップを踏んでいる（第5章を参照せよ）。それでも、社会構造の量的比較を行うためにネットワークを用いるという全体としてのアプローチは、まさに私たちが成し遂げたいと考えていることである。もし彼らと違い、サイズや密度がまったく異なるネットワークしか手に入らなければ、どのように分析を進めればよいのだろう。まず役立ちそうな簡単な方法をいくつか考えよう。各個体あるいは個体のグループやクラスについて点の値をネットワーク間で比較することに関心があるのであれば、値そのものよりも値の順位を考慮する方が賢明だろう。若いオスが常に媒介性の最高順位を占めているような状況では、nやEによって大きく変動する媒介性の実測値そのものではなく、順位にもとづいて検定する方が合理的である。

　別のアプローチとして、ネットワーク指標をある固定値で割ることで再調整する方法がある。これは多くの比較可能な指標と類似の方法である。変動係数・性選択の機会（Arnold and Wade 1984）・多様性指標（Magurran 2003）などはすべて異領域間比較を許容する無次元パラメータの例である。ネットワーク指標とは単なる数値であり、それゆえすでに無次元であるため、これらの例と状況が

まったく同じというわけではないが、値の範囲の再調整は有効である。次のステップは、ネットワーク指標の再調整に用いる値の決定である。各値をその最大値（次数なら $n-1$、パス長ならネットワーク直径 D）で割ることで 0 から 1 の間になるように調整するのは一つの方法だ。この方法はネットワーク間の比較に役立つ場合もあるが、表 7.5 のデータが単純ランダムネットワークのものと完全に一致しているということは明らかにできなない。

ワッツとストロガッツは、また別のアプローチを採った（Watts and Strcgatz 1998）。パス長とクラスター化係数を同数の点と辺からなるエルデシュ＝レーニィランダムネットワークによる期待値に調整し、現実世界の多様なネットワークが「スモールワールド」性をもつことを示したのである。この方法なら、上の架空の例に当てはめ、各年の値と完全に一致するランダムネットワークを得ることもできるだろう。しかしこれだけが値の調整法の唯一の選択肢というわけではない。ベースラインとしてあるネットワーク、たとえばランダムネットワークを用いるのにはとくに理由はないのだ。他に選択可能なネットワークはいくつもあり、それぞれにメリットがある。比較しようとするネットワークの一部または全部が、たとえば動物の地縁性（spatial fidelity）のために明確な下部構造をもつことがわかっている場合（第 6 章を参照せよ）、このことを反映するように指標を調整すべきだろう。もちろんここでやりたかったのはこの点である。すなわち私たちの成すべきこととは、手持ちのネットワークの構造と比較するには、点や辺の数といった特徴や全体の構造的特徴を統制したネットワークモデルを用いなくてはならず、どのモデルが手持ちのモデルと一致するかを見極めねばなうない、ということだとの観点に至るのである。

トライアドと他の構造モチーフ

社会科学の分野で用いられるモデルの議論の前に、第 4、5 章で用いたような点ベース指標の評価ではなく、鍵となる局所構造を表す小さいサブネットワーク（「モチーフ（motif）」）の「センサス」を行うことでネットワーク構造を特徴づけようという別のアプローチに焦点を当てる必要がある。モチーフとして用いられるのは「トライアド」、あるいは三点間の辺の組み合わせである（Wasserman and Faust 1994）。方向性のないネットワークでは、図 7.2 に示されるように、

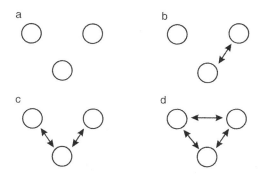

図 7.2 方向性なしのネットワークにおける四つの三項関係。(a) 辺なし。(b) 辺一本。(c) 辺二本。(d) すべての辺三本

三点間の辺の結合の仕方は幾何学的に四つに弁別される。

可能な三点の組み合わせすべてで四タイプのトライアド関係それぞれの度数を数えあげることで、方向性のないネットワークの構造を調べることができる、というのがこの考え方だ。これが「トライアドセンサス」であり、集団の社会構造についての量的情報を与えてくれる。とくに孤立個体・孤立対（couple）・構造的空隙（structural holes）（ある個体が別の二個体と結合しているが、その二個体同士は結合していない（図7.2c））・クラスター（図7.2d）の度数を知ることができる。この考え方は、ネットワーク自体を比較する手段の一つとして、ネットワーク間の度数の「スペクトラム」を比較するというものだ。Pajek などのネットワークソフトウェア（たとえば UCINET の一部として利用可能だ）には、トライアドセンサスのオプションがついている（de Nooy, Mrvar, and Batagelj 2005）。

賢明な読者は二つのことが気になるだろう。第一に、帰無モデルがないためどの比較も確証をもたせられないということ。これについてはすぐ後に議論しよう。第二に、点ベース指標からではわからないことについて、図7.2のトライアドが教えてくれるようには思えないということだ。クラスター化係数というのは、つまるところ方向性のないネットワーク内の「辺三本」のトライアドと「辺二本」のトライアドの比率の指標にすぎず、また点次数を見ればトライアドごとにどれだけの辺があるかについて大まかにわかる。同じ問題に対する別のアプ

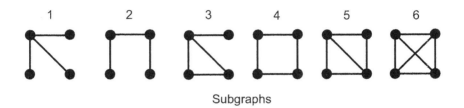

図 7.3 方向性のないネットワーク構造比較用の別のモチーフのセット。Milo et al. 2004 から引用

ローチとして、Milo et al.（2004）は、図 7.3 に示されるそれぞれが四点を含む六つのモチーフを用い、方向性のないさまざまな物理的・生物学的ネットワークの構造を比較した。それぞれのモチーフの相対頻度は（タンパク質や自律系のネットワークのような）類似コンテクスト内ではよく似るが、異なるコンテクスト間では異なっていることを見出した。ケースごとにモチーフのスペクトラムが類似するモデルネットワークが存在し、それらがネットワーク構造の合理的モデルとして役立つ可能性が示唆された。

　トライアドセンサスの考え方が本来の力を発揮するのは、（社会科学分野でのモデリングの多くがそうであるように）ネットワークが方向性をもつ場合である。局所的な派閥を指標する単純な計量は見当たらないため、トライアドセンサスは魅力的なアプローチなのだ。図 7.4 に示されるように、方向性のあるネットワークにおけるトライアドのタイプには 16 種類ある。多様なネットワーク間比較の基礎としてこれらのモチーフまたはその下部集合が用いられてきた。Milo et al.（2004）は、トライアドセンサスを用いて、方向性のある巨大ネットワークを広い領域にわたって分類した。ネットワークにおけるモチーフの出現頻度を、点・辺・各点の次数の数を変えずにランダム化したネットワークのものと比較した。それらの結果が「有意性プロファイル（significance profile）」である。かつては無関係と思われていた複数の生物・技術・社会ネットワークにこの方法を適用した結果、類似した有意性プロファイルを共有するネットワークの「上部構造（super-families）」がいくつも見出された。構造的特徴は違うし、ランダム化検定の性質もまったく同じというわけではないが、Milo et al.（2004）の分析法は第 5 章の点ベース分析と考え方は近い。

同じ調子で Freeman（1992）は「推移的（transitive）」トライアド（個体 A が B と直接つながり、かつ C を経由してもつながっているトライアド）のセンサスを用いて、人間のグループ構造や社会的インタラクションを調べた。昼食時・浜辺・オフィス・空手クラブなどでのインタラクションといった異なる状況でのネットワークを構築した。Freeman は、ネットワーク内の非推移的三点の組を数え、これを人間の社会グループの形成法に関する二つのモデルによる予測

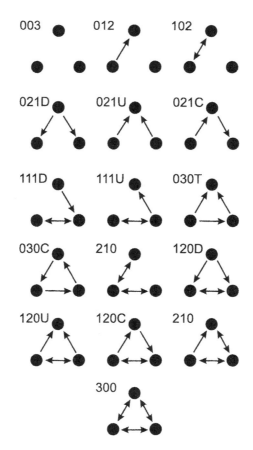

図 7.4　方向性のあるデータにおけるトライアド関係の 16 種の可能なタイプ。ラベルの最初の数はトライアド内の相互的ダイアドの数を表す。二番目の数はトライアド内の非対称的ダイアドの数を表す。三番目の数はダイアド内の無関係のダイアド数を表す。最後の四番目の文字はトライアドを別のタイプと弁別するために用いる。T は推移性を含むトライアド、C はサイクル構造のトライアド、D はダウン、U はアップを表す

7.3 構造モデルを用いたネットワーク間比較

最後の節では、慣れ親しんできた領域を離れ、ネットワーク構造の特徴づけや比較のために社会科学の分野で開発された方法のいくつかを試み、描写してみたい。この分野の専門家に対しては、私たちはその業績を誤解している部分があるかもしれず、あらかじめ謝罪しておきたいと思う。私たちにとって興味のある方法は、点属性（これらのモデルの用語では「説明因子変数（explanatory factor variables）」と呼ばれる）や図7.4のように辺（ダイアド）やトライアドレベルの関係属性を表すモデルパラメータの係数を調整することにより単一のネットワークを特徴づけるよう設計された一群の統計モデルを利用している。これらのモデルはすべて一般化線形モデル（Dobson 2001）が扱うテーマの派生形である。ほとんどの場合、この方法でモデル化され（比較される）ネットワークは方向性があるものに限られる。なぜこれが要請されるのかは明確ではないのだが。しかしネットワークが重み付けなしであるということが、この節で提示される特殊なモデルにとって核心的なことであり、だからこそ各辺は、ある場合もない場合も「二値的」変数として扱うことができるのである。

ロジスティック回帰・ロジット・p^* モデル

ここで概説するすべてのネットワーク比較法は、二値的な従属変数の分析法としてよく知られるロジスティック回帰を用いている（Kleinbaum 1994）。「従来の」ロジスティック回帰上の二値の従属変数が X（0または1をとる）とすれば、p は $X=1$ となる確率を表し、$z_1, z_2, \cdots z_r$ で表される r 個の説明変数が存在し、p と z_i は p のオッズ比の対数（またはロジット）を用いて関係づけられる。

$$\text{logit}(p) = \ln\left(\frac{p}{1-p}\right) = \alpha + \sum_{i=1}^{r}\beta_i z_i$$

ロジスティック回帰の結果は、実測確率 p でもっとも当てはまりがよくなる定数 α と係数 β_i で計算できる。これらの係数は最尤法により推定できる（Sokal and Rohlf 1994）。ロジスティック回帰は本来、実測確率 p と一致するもっとも説

得力のある説明変数の集合の探索に用いられる。説明変数間の相対重要度は、Wald 法、尤度比検定、あるいはそれに似た方法で得られる（Sokal and Rohlf 1994）。

ロジスティック回帰にもとづくアプローチで社会ネットワーク構造を特徴づけることは可能だと、これまでにも認識されてきた（Holland and Leinhardt 1981）。原理的には、重み付けなしのアソシエーション行列の各成分 X_{ij} は二値変数として扱うことができ、各辺の存在確率は、ロジット関数を用いて、これまでの節で紹介してきたタイプの点属性や単純なモチーフベースの関係属性といった説明変数の集合と関係づけられる。

しかしこれらはすべて大きな欠点を抱えている。ロジスティック回帰の仮定の一つは、データポイントが独立であるということであり、この仮定はデータポイントがアソシエーション行列の成分である限り当てはまり得ないのである。何度も言及してきたことだが、行列の成分は独立ではないのだ。これを迂回する方法はかなり巧妙であり、本書の範囲をゆうに超える。関心のある読者は Carrington, Scott, and Wasserman（2005）の Wasserman and Robins の章やそこに掲載されている引用文献を調べることだ。アソシエーション行列の成分間の従属性を許容するためにすべきことが説明されている。結論としてわかるのは、扱い可能であることが自明な従属性の一群が存在し、それらがロジスティック回帰にもとづくモデルの一群を導くということである。よく好まれるモデル群は、いわゆる p^* モデルである（Freeman 1992；Wasserman and Pattison 1996；Pattison and Wasserman 1999）。このモデルは、ある点を共有するどの二辺も従属的とみなし、この従属性を考慮に入れる。

p^* モデルの要点は、一連の説明変数中にロジスティック回帰を持ち込めるということである。データの従属性に関する厄介な問題を避けて通ることができないという事実を受け入れるなら、これらの説明変数を点属性（性やサイズなど）に限定する必要はなく、辺の互酬的傾向（方向性のあるネットワークにおいて A が B と結合し、B も A と結合する）といった関係特性、さらに三点間の相互関係にもとづく関係特性をも反映できる、というのは朗報だ。言い換えれば p^* モデルは、ダイアドや点ベースの特徴だけでなく図 7.4 のトライアドの波及効果を組み込むことができるのである。

7.4 異集団間・異種間比較

p*モデルを用いてネットワーク構造間比較をした例として Faust and Skvoretz（2002）の研究が挙げられる。彼らは三タイプの動物種（ヒト・ヒト以外の霊長類・霊長類以外の哺乳類）から得られた42の方向性のあるネットワークの構造的特徴を検討した。ネットワークのサイズには4から73までの変異があった。ネットワーク内の関係は、舐め合ったり毛づくろいしたりするインタラクションから、敵対的出会いにおける嫌悪や勝利といったインタラクションまで含まれていた。著者らの関心は、ネットワーク内の構造的パタンをもっともよく予測するのは、動物種のタイプか、あるいはインタラクションの定義か、という点にあった。社会関係が似たネットワークは、社会構造も似るものと期待された。

比較に先立ち、Faust and Skvoretz（2002）は、図7.5に示される六つの構造的説明変数の同じセットを各ケースに用いて、42のネットワークそれぞれに対して p*モデルを当てはめた。すると各ネットワークは p*モデルから得られる六つの係数により特徴づけられることになる。ネットワークを比較するのにこの係数が用いられたのではない。著者らは p*モデルがある一つの対象ネットワークの構造を完全に表象していると仮定し、対象ネットワークの係数を用いて、対象ネットワークとその他41のネットワークのそれぞれで各辺が存在する確率を計算した。対象ネットワークに対する辺の存在確率の予測値と他の各ネットワークに対する予測値の間で、一対ごとの比較により差異スコアが計算された。この計算過程を繰り返し、全42ネットワークの全辺の係数の42セットそれぞれに対して行った。最終的にコレスポンデンス分析（Greenacre 1984）を用いて差異スコアの42×42の行列を作り、全ネットワーク間を比較し、その比較をモデル入力に関係づけた。

Faust and Skvoretz（2002）は、動物種間・コンテクスト間にはネットワーク構造に興味深い差異のあることを見出した（章末の結語の節で述べるように、この方法には注意点があるのだが）。共通するコンテクストに由来するネットワークは、共通する構造的特徴をもつことが示唆された。たとえば闘争と順位により構築されるネットワークは愛着や親和性の関係により構築されるネットワークと

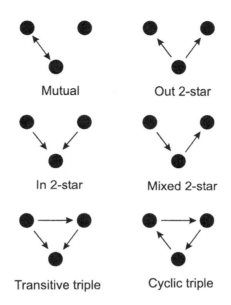

図 7.5 Faust and Skvoretz (2002) で用いられた六つのダイアド・トライアド構造要素

は異なる。種間で見られる差異もあった。たとえばヒトではヒト以外の霊長類と比べて相互的（mutualism）（互酬的な辺）傾向が高かった。著者らが一対ごとの構造比較の描画の一例として、ウシ間の社会的舐め合いのモデルは合衆国上院議員グループ内の共同後援関係（co-sponsorship）ともっとも当てはまりがよいことを示したのは傑作だ。

7.5 社会科学分野における時系列分析

　同様のテーマを引き継いでいると思われるモデルは、とくにトム・スナイダーズ（Tom Snijders）により（人間の）社会ネットワークの時系列分析を容易にするために使用された。彼の分析（Snijders 1996a；Snijders 1996b）は、多かれ少なかれ同一個体の集合を表す一連のネットワークに対するものである。基本的なアイディアは、最初に得たネットワークを所与として扱い、動的モデル（dynamical model）を次に得たネットワークに当てはめるというものである。この方法ならば、社会構造について一枚のスナップショットから収集できる情報よりも多くの情報を得ていることを最大限利用できる。モデルは、あるネット

ワークが次に得られるものへと進化する過程において鍵となる要素を、説明変数の関数として調べる。これらの説明変数はここでも点ベースか、ダイアドまたはトライアドに関連する局所的構造特徴を反映している。動的モデルは各観察の間には多くの逐次的時間ステップがあるものと仮定している。各点は「目的関数 (objective function)」を最適化するよう近視眼的にふるまう（つまり各瞬間には直接隣接する個体のみを考慮する）目的的主体として扱われるが、ランダムな変動も当てはめる。目的関数のパラメータは説明変数である。時間ステップ毎に一点がランダムに選ばれ、その点は自分の辺一本を消去するか、新たに辺を他の点に伸ばすかできる。点がこうした変化をするかどうかの確率は、説明変数のロジット関数により決定される（それゆえその変化が点の目的関数に与える影響に依存する）。そのためこれらのモデルは少なくとも構造上はこの節で紹介した他のモデルとよく似たものとなるのである。

　時系列モデルの拡張にはかなり面白そうなものもある。「アクター駆動 (actor-driven)」モデルは、ネットワークと行動の同時的進化を統合する手段である。時間ステップごとに、アクターは自分の外向き辺（outgoing edge）だけでなく自分の行動も制御するため、構造と行動は互いに影響を与え合う。例として、スナイダーズは、友人形成における不良行動（delinquent behavior）の効果に関する研究で、19のクラスで友人ネットワークの進化を調べ、不良行動の類似性は友人関係の進化に対して影響を与え、不良行動の程度は紐帯形成と同時に紐帯解消にも正の効果があると結論づけた（Snijders and Baerveldt 2003）。人間の社会ネットワークの組織や発達を決定する重要な要素に対するこうした洞察は、動物行動の研究でも利用法を見出したいアプローチである。ネットワークの連続的進化を調べるためのモデルや実行する方法については、Snijders (2005) でレビューされている。

7.6　結語

　こうしたモデルの話を終えるにあたって、読者には注意を喚起せねばならない。ここで紹介したモデルがいかに、どうして利用しうるのかについての詳細な議論は、私たちはほとんど省略しており、しっかりした考えや準備もなく似たような分析に飛びつくのは賢明ではない。方法論においても未解決の問題が多く残

されているようだ。Faust（2006）は、ヒト・ヒト以外の霊長類・霊長類以外の哺乳類の社会ネットワークの多様なネットワークに見いだされるトライアドの観察度数に対するネットワークサイズ（n）と密度（ρ）の効果を調べた。彼女の発見は、これらのネットワークを通じたトライアドモチーフのセンサス結果における類似性は、ダイアドの特徴と点ベース特徴によってほとんど説明できてしまうことを示唆していた。したがって点や辺の数とかかわる問題を避けようと思っても、それはかなえられないかもしれない。同様のテーマについて、Solé and Valverde（2006）は、（細胞ネットワークの文脈では）モチーフ構造は単に「スパンドレル（spandrels）」であり、あるいは辞書が手元にない人に言うならば、ネットワーク構造の不可避ルールの副産物であり、なんら本質的関心を生むものではないと示唆した。

　直接的な不確実性や困難がどのようなものであれ、ネットワーク構造と進化を結びつけ、比較方法の枠組みとした業績は、たしかに追求する価値がある。ネットワーク間比較のための方法はモデルを媒介した比較となる。そのモデルは構造をパラメータ化する手段であったり、調べている社会システムの生物学的・生態学的・空間的・時間的様相を統制するための帰無モデルであったりもするだろう。異なるサイズ・密度をもつ動物の社会ネットワーク間の比較法を発展させることは、将来の研究にとって挑戦的課題となるだろう。

Conclusions

第8章
まとめ

　社会ネットワーク理論は、全体・微細スケールの社会組織を可視化し定量化する一般的枠組みを与えてくれる。想像力を少し働かせると、社会ネットワークを構築する方法はいくつもある（第1章を参照せよ）。本書では、点が個体を表す社会ネットワークにおもに焦点を当て、「集団切り出し法」によりアソシエーションデータが構築される場合に生じる問題にはとくに注意を払った（第2章）。ネットワークの可視化は詳細な分析のための出発点にすぎないが、その重要性について過小評価してはならないと論じた。自分が初めて研究する種の社会ネットワークを目の当たりにすることは、とても刺激的な経験である。

　ネットワークアプローチの核心とは、社会組織のパタンを個体から集団に至る複数のレベルで記述可能な新しい量的方法と指標の強力なセットである。ネットワークアプローチを際立ったものにする特徴の一つが、きわめて学際的なアイディアや方法を統合してゆく点である。第4〜7章で、社会科学・生物学・数学・物理学・コンピュータサイエンスその他の研究者による方法やアイディアを紹介した。アイディアの応用を慎重にすることを忘れなければ、こうした広範な関心領域は生産的にはたらき、利用可能な新たなアプローチを確実に生み出し続けるだろう。

　個体レベルでは、個体の次数や媒介性といった記述統計量を計算する（第4章）。こうした指標をネットワーク全体にわたって平均化することで、集団レベルの社会組織の記述に用いることができる。どんな量的変数にとっても重要なのは、指標化された値が偶然による期待値と異なっているかどうかを見極めることである。指標化したネットワーク計量の有意性の判定は、ランダムなインタラクションによる期待値やデータのある特徴を保存した帰無モデルと実測値とを比較することで可能であり、それによりネットワーク研究に重要な統計的厳密さを与えることができる（第5章）。こうした量的ネットワーク計量と、伝統的な生態学的、進化学的研究とを統合することは、社会行動のメカニズム・発達・進化・

まとめ

機能の理解を大きく前進させてくれるものと期待できる。

　ネットワークアプローチは、個体と集団のレベルの間にある社会組織の中間的パタンの検討を可能にしてくれる。たとえばネットワークを調べて、自分たち同士で結合し合い他個体とはあまり結合しない個体の集合としての人間の社会的コミュニティと相似なものとして定義されるコミュニティを動物の中に探そうとするのもよい（第6章）。ルソーとニューマンのハンドウイルカ（*T. truncatus*）に関する研究は、イルカのネットワークがコミュニティの定義を満たす下部構造をもち、高い媒介性をもつ個体により相互結合していることを示した（Lusseau and Newman 2004）。そうした個体はイルカの集団の結束性を維持するのに決定的役割を果たす「仲介者（broker）」であると示唆された。この仮説はうなずけるものだが、記述的ネットワーク研究の多くに足りないことの一つは、実験的な排除が論外なために仮説が本質的に検証不能のままであるということだ。そうした操作は実験室の条件下で観察できる集団に対しては実現可能だろう（すぐれた例として Flack et al. 2006 を参照せよ）。

　行動生態学の大きな関心領域として、生態学的条件が個体の行動をどのように形作り、集団や種の社会構造を形作るかという問題がある（Harvey and Pagel 1991）。近縁な種（または同種の異なる集団）を比較し、生態学的条件の違いが行動や形態の違いの進化にいかにしてつながるのかを検討できる。社会ネットワークを構築することで、集団の社会的微細構造についての情報を得ることができ、この情報を用いて生態学的条件の違いがいかにして個体間のインタラクションパタンを形作るのかという問いに答えることができる。この文脈での社会ネットワークアプローチの強みは、集団全体の社会的微細構造を特徴づける豊かな統計的記述を与えてくれる点にある。そうした記述は、ネットワーク内での個体の結合性に焦点を当てる指標から、ネットワークの構成要素を組み合わせてネットワーク全体を記述するコミュニティ構造に至るまでの幅がある。この領域には取り組むべき未解決の問題が数多いが（第7章）、種間やコンテクスト間でのネットワーク比較は将来の研究にとって刺激的な筋道であり、分析上の問題を解決することで得られる利益は相当大きいと期待される。

8.1 過去の応用事例

本書を通じて明確にしようとしてきたように、ネットワーク理論の動物の集団の研究に対しての応用は比較的新しい分野だが、完全にそうというわけではない。表 8.1 に、過去になされてきた動物の社会ネットワークに関する実証的研究のいくつかをリスト化した。どの研究をリストに含めて、どれを除外するかといったことは主観的な点もあるため、完全なリストを作るのは不可能だ。異なる系統群から際立った研究をいくつか選び、全体としての概観がわかるようにした。「社会ネットワーク」という用語を用いてはいるが、ネットワークの方法論を何も用いていないといった、ネットワーク理論の利用法の境界線上のような研究もある。一方ソシオグラムとしてネットワークを可視化したものの、それについての統計的分析はまったく行っていない研究もある。アスタリスクを付けた研究は、社会ネットワークアプローチが詳細な統計的検定と結びつき、その研究において中心的役割を果たしているものを表す。「ネットワーク」という語を一切用いずに、アソシエーション行列の構造を深く探究した研究も多い。それらの多くはホワイトヘッドがレビューしている（Whitehead 2008）。

表 8.1 から明らかなのは、現在までの社会ネットワークの研究のほとんどは、ヒト以外の霊長類に対してなされてきたということだ。紙数の制約があって、人間に対する研究はほんのわずかしか載せられなかったが、もちろん心理学や社会学分野には大量の論文が存在し、少なくとも一つのジャーナルは人間におけるこの種類の研究に特化している。私たちが何度も参照した Scott（2000）、Wasserman and Faust（1994）、Carrington, Scott, and Wasserman（2005）といった著書は、人間の社会ネットワークに関する研究のすぐれた導入として役立つ。

ヒト以外の霊長類に対する研究が傑出しているということは、驚くようなことではない。社会ネットワーク理論は人間同士の関係性を調べるために開発されたため、比較的簡単に他の霊長類に応用することができたのだ。同時に、科学的研究が満たさねばならない多くの基準（標準化・反復・操作など）を、より容易に満たすことができる分類群が他にあるのも明らかだ。とくに社会性昆虫はネットワークアプローチの応用が大変有望な分類群として際立っている。分業の進化

まとめ

表 8.1
分類群ごとの動物の社会ネットワークに関する実証的研究。アスタリスクは社会ネットワークアプローチが中心的役割を果たし、詳細な統計的検定で支持された研究を表している

分類群	和名	英名	学名	著者	社会ネットワークアプローチ	研究分野
昆虫類	社会性昆虫	Social insects		Fewell 2003		探餌行動のモジュール性
魚類	グッピー	Guppy	*Poecilia reticulata*	Croft et al. 2004a	*	野生集団における社会的インタラクションのパタン
				Croft et al. 2005	*	反復ネットワーク
				Croft et al. 2006	*	協力
	イトヨ	Three-spine stickleback	*Gasterosteus aculeatus*	Croft et al. 2006	*	野生集団における社会的インタラクションのパタン
鳥類	オナガセアオマイコドリ	Long-tailed manakin	*Chiroxiphia linearis*	McDonald 2007	*	ネットワーク結合性による適応価の予測
鯨類	ハンドウイルカ	Bottle-nosed dolphin	*Tursiops truncatus*	Lusseau 2003		野生集団における社会的インタラクションのパタン
				Lusseau et al. 2006		ネットワークの凝集にとって重要な個体
				Lusseau & Newman 2004		
鰭脚類	ガラパゴスアシカ	Galápagos sea lion	*Zalophus wollebaeki*	Wolf et al. 2007	*	社会構造のパタン
霊長類	アカゲザル	Rhesus monkey	*Macaca mulatta*	Chepko-Sade et al. 1989		社会構造
				Corr 2001		社会ネットワークの経年変化
				Berman et al. 1997		幼年個体の社会ネットワーク
				Deputte & Quris 1997		幼年個体の性と社会化プロセス
				de Waal 1996		親和的ネットワークの発達と社会的ニッチの安定化
	ブタオザル	Pigtailed macaque	*Macaca nemestrina*	Flack et al. 2006	*	警察行動と社会的ニッチの安定性
				Flack & Krakauer 2006	*	
				Flack & de Waal 2007		
	ワオキツネザル	Ring-tailed lemur	*Lemur catta*	Nakamichi & Koyama 2000		群れ内のメスの親和的関係
	キタムリキ	Northern muriqui	*Brachyteles arachnoids hypoxanthus*	Strier et al. 2002		オス−オス間関係
	エンペラータマリン	Emperor tamarin	*Sanguinus imperator*	Knox & Sade 1991		攻撃的ネットワーク
	マントホエザル	Nicaraguan mantled howler monkeys	*Alouatta palliata*	Bezanson et al. 2002		社会構造
	チンパンジー	Chimpanzee	*Pan troglodytes*	Hemelrijk 1990a	*	互酬性と交換性
				Hemelrijk 1990b		
	ニシローランドゴリラ	Western lowland gorilla	*Gorilla gorilla gorilla*	Stoinski et al. 2003		メスのニシローランドゴリラの近接パタン
	ニシゴリラ	Western gorilla	*Gorilla gorilla*	Bradley et al. 2004		群れ外グループ・血縁バイアス行動
	クモザル	Spider monkey	*Ateles geoffroyi*	Pastor-Nieto 2001		食物分配
	霊長類（比較研究）			Kudo & Dunbar 2001		ネットワークサイズと新皮質サイズ
有蹄類	アフリカスイギュウ	African buffalo	*Syncerus caffer*	Cross et al. 2004	*	疾病伝染
				Cross et al. 2005	*	社会構造
	グレビーシマウマ・オナガー（アジアノロバ）	Grevy's zebra, Onager	*Equus greyvi, Equus hemionus khur*	Sundaresen et al. 2007		階層性社会構造
長鼻類	アフリカゾウ	African elephant	*Loxodonta africana*	Wittemyer et al. 2005	*	社会構造
有袋類	フクロギツネ	Brushtail possum	*Trichosurus vulpecula*	Corner et al. 2003		疾病伝染の社会ネットワーク分析
家畜	ヒツジ	Sheep	*Ovis aries*	Webb 2005		疾病モデルとしての接触構造
	ブタ（ラージホワイトランドレース）	Pig (large white landrace)	*Sus scrofa domesticus*	Durrell et al. 2004		優先的アソシエーション

や、異なるカストに属するワーカー同士の頻繁なインタラクションの解明には、システムのふるまいを社会的下部単位や究極的にはダイアドの社会的インタラクションから展開させられるアプローチが必要である。Fewell（2003）はプロセス指向ネットワークを発展させ、ミツバチの分業を研究したが（図1.3；表8.1）、そもそも個体ごとにマーキングされたコロニーのメンバーにもとづくネットワークを構築できなければならなかったのだ。

　家畜（ウシ・ブタ・ヒツジなど）もネットワークアプローチが高い潜在性をもつと思われるグループである。これらの動物は個別マーキングが簡単で（自動化システムの利用などで）連続観察が可能であるという事実は、重要かつ喫緊の課題である動物福祉問題の解決に役立つ動物の社会関係について豊かな情報をもたらす。

8.2　未解決問題とすぐれた実践例

　本書を通じて強調してきたことのポイントの一つは、社会ネットワーク分析を動物に応用することで得られることは多いが、潜在的な落とし穴や限界を認識して身構えておく必要がある、ということである。とくに異分野で発展してきた方法や理論を借用して社会ネットワークに応用する際には注意せねばならない。さらに観察されたパタンの反復・操作・統計的検定といった標準的方法を用いた実証的研究も必要となる。

サンプリングの問題

　動物の社会ネットワークに関する実証的研究の限界の一つは、動物を観察する自体の制約と、アソシエーションパタンに関する情報収集に要する膨大な努力量のために、ネットワーク構造についての情報が不完全となるということである。研究対象を代表するネットワークを得るためには、どれだけの割合の個体をそのネットワークに含める必要があるだろう。どれだけの期間、どれだけの頻度でサンプリングをする必要があるだろう。第2章で、サンプルが十分得られたかどうかの確からしさを計測する指標をいくつか提示したものの、将来の研究ではこれらの問題を実証的に解決する必要がある。さらに言えば、遠隔感知技術や「スマートタグ」の絶えざる進歩を考えると、ある種の動物にはタグを装着すること

で社会的接触を追跡し続けることが経済的にも実現可能となり、動物の社会ネットワーク分析の新たな可能性が切り拓かれるだろう。

反復と操作の重要性

　社会ネットワークデータの解釈に慎重にならなくてはならないケースもある。出勤のためにバスや電車が同じであるために毎朝、ほぼ同じ時刻、同じキオスクで新聞を買う二人の男を例に取ろう。この二人は互いの存在を完全に忘れてしまっているというのが事実であるにも関わらず、純粋に空間的アソシエーションだけにもとづく社会ネットワークでは、強力な結合をもつものとして表現されてしまう。この種のアソシエーションは、たとえば空気感染する伝染病のような一部の興味深い問題にとっては重要だが、その他の問題については、近接性だけにもとづくネットワーク結合の解釈は慎重にしなくてはならないのである。つまり共在は密接な社会関係を生むこともあるが、必ずしもそうではないのである。手持ちのネットワークデータを精査して、ネットワーク内で結合する個体がちょうど同じような経路や速度で移動するようになるのかどうか、あるいはアソシエーションが社会的選好性にもとづくのかどうかを見抜く必要がある。見抜く方法の一つは選択性・選好性検定を行うことで、野生下で共在していることがわかった個体を、サイズ・性・その他の特徴を共有する他個体から選び出すのである。クロフトらは、野生下で頻繁に共在するグッピー同士は実験環境下でサイズ・性が同じになるよう統制した個体と一緒に同じ水槽に入れても、優先して一緒に群泳することを見出した（Croft et al. 2006）。同様の選択性実験がヒツジを用いて実施されている（Michelena et al. 2005）。

　操作実験を用いたネットワークパタンの検定法もある。集団から永続的に個体を除去する（または集団に導入する）か、あるいは除去した個体にある処置（あるタスクのトレーニングをしたり、特殊な情報や感染させたりといった）を施したうえで再導入するのだ。環境や生息地の特徴が社会構造を駆動すると考えているなら、それらも操作するとよいだろう。もちろんこれらすべてにおいて、手続きは慎重に統制せねばならない。ネットワークベースの操作実験の例が、ブタオザル（*M. nemestrina*）の社会組織に関するフラックらのエレガントな研究である（Flack et al. 2006）。ネットワークアプローチを用いてサルのグループの社会

構造を特徴づけ、複数の斬新な統計的記述法を十分に活用して個体間の社会関係を詳細に評価した。複数の高順位個体の存在がグループの凝集性維持に不可欠であり、そうした個体がいなくなると個体間の闘争レベルが増大するために社会ネットワークは複数の下部単位に分裂してしまうことが、除去実験により示された。ネットワークツールを用いると、個体・グループレベルの特徴のいずれにも感度をもつ指標が得られ、それらはこうした実験ではとくに有用である。

統計的問題と解釈

　これまでは動物の社会ネットワークは単に社会構造を可視化する描画ツールとして用いられ、ネットワークパタンの統計的分析を伴わなかったため確実な結論を導くことができないことが多かった。標準的分析法と同様に、実測パタンは偶然による期待値のパタンと比較しなくてはならない。データポイントが独立ではない関係性データセットの扱いは普通困難なため、ランダム化検定はこの点非常に有用である。検定にはネットワーク全体の紐帯の単純なランダム化から、データのもつ重要特性を保存するより複雑な帰無モデルまでさまざまありうる（第5章を参照せよ）。どの場合に用いるにも、ランダム化検定の選択は、きちんとした考えがなくてはならない。研究対象をうまく代表するネットワークを手に入れたと確信している場合には、点や辺ラベルの単純なランダム化は錯誤につながるかもしれない。第5章で論じたように、集団切り出し法を用いてネットワークを構築することには未解決の問題がまだ残っている。辺の重み付けをどうするか、点や辺のフィルタリングをどうするか、そしてそれはたとえば辺の数よりも、ランダム化検定で保存すべきオリジナルなデータセットの構造指標なのかどうか、といったことを決定してゆかねばならないのだ。

　ネットワークパタンの有意性検定に関わる問題は、社会科学だけは例外としても、ネットワーク分野ではあまり注目されてこなかった。第7章でこの分野で発展したネットワーク構造を特徴づける統計モデルについて少し議論した。そうしたモデルの動物の集団への応用や拡張を探求する将来の研究はきわめて実りが大きいだろう。

　異分野から方法・アイディア・概念を借用することはきわめて生産的である一方、注意して進めなくてはならない。第4章で言及したように、そうした記述が

まとめ　　*197*

（スケールフリー性の場合）小さいネットワークに対して統計的に有意味であるかどうか、あるいは（スモールワールド性の場合）必然的にそうなるといった可能性を十分配慮することなく、手持ちのネットワークに「スモールワールド性」や「スケールフリー性」といった性質を探し当てようとして膨大なエネルギーを費やしてしまう危険性もある。

　最後に、手持ちのデータコレクションのもつネットワーク解釈への限界を慎重に考慮する必要がある。ネットワークのプロセスを分析するときにはとくにそうである。本書はほぼすべてプロセスではなくパタンに注目してきたのであり、動物の社会ネットワークをプロセスの方に拡張させたいという理由がいくらあったとしても、実際の利用には注意せねばならない。日・週・月・年ごとに一回の観察をし、点サンプリング法を用いてアソシエーションパタンを定量化することが要請されるのは、状況によってよくあることだ。それにより社会構造のある側面を表す描像が得られるが、構造を下支えするダイナミクスを論じることはできない。これは勝ち馬に乗ってしまうことは避けねばならないもう一つの例といえる。最近のネットワーク理論の主要な成果の一つは、感染症の拡大がネットワーク構造に量的に依存することを示したことだ（レビューとして Boccaletti et al. 2006 を参照せよ）。分析は、変化のない結合ネットワークを経由して伝染してゆく感染症にもとづいていた。さてインターネットを経由するコンピュータウィルスの拡大に関心があるのならそれでよい。というのもウィルスの拡大の時間スケールが、コンピュータのネットワークへの加入や離脱の率と比べて小さいためだ。この場合にはネットワークを静的なものとして扱うのは合理的だ。この状況は、すべての情報（病気やその他何であれ）のやり取りが、社会的接触が生じたり失われたりするのと完全に同じ時間スケールで生じ、パタンとプロセスの間に強力な相互作用を生む離合集散システムの（ずっと興味深い）状況とはまったくかけ離れている。一時点（spot）をサンプリングしたネットワークは、集団の社会構造の全体のいくつかを明らかにし、それは次いで情報拡散について教えてくれる。それを知るのは有用なことだ。しかしそうしたシステムを経由する情報拡散の微細構造の分析は、グループの共通メンバーに対するときたまの調査では不可能である。

8.3 おわりに

『Sociobiology：The New Synthesis（社会生物学）』という画期的な著書の中で、ウィルソンは社会ネットワーク構造の概念的重要性を認識し、10 ある「社会性の質」のうちの一つとして焦点化した（Wilson 1975）。それからの 30 年くらいの間にコンピュータの計算力の劇的な進歩があり、それが（とくにランダム化で）コンピュータシミュレーションに強く依存するネットワークアプローチを用いて、その潜在性を最大限に引き出すことを可能にしたのである。並行して生じた社会科学や統計物理学分野での発展は、数多くのネットワーク記述法と検定法をもたらし、シミュレーションと合わせて、属性データと関係性データとを統合可能にし、従来の統計法と新たな発展型とを統合するきわめて強力なツールを生んだのである。こうした発展はウィルソンの想像よりも社会ネットワークについてはるかに多くのことを学べる潜在性を生み出す。現在は、社会ネットワーク理論の動物の社会への応用は幼年期の段階にすぎず、単純なパタン記述にだけに焦点化した研究は数多いものの、動物に社会ネットワーク分析を応用することの潜在性のすべてを解き放ち始めるに至った研究はほとんどない。

本書では、ネットワークを探求するさまざまな方法について考えてきた。「探求」という言葉を強調してきたのは、これまでネットワーク分析に対する決まったアプローチの明確なレシピがあったわけでも、どのネットワーク指標が生物学的にもっとも有意味なのかについての分野内での合意があったわけでもなかったためだ。私たちはどの指標や方法が時間の試練に耐えてゆけるかを予想できるほど勇敢ではない。今後より大きな研究者コミュニティによってネットワーク理論がより頻繁に使用されることを通じて、ある合意が形成されるということはありうるだろう。今や私たちは手持ちのネットワークの構造を特徴づける最善な方法を決定できたのだから、ネットワークアプローチをより予測可能なツールにする方法、健全な根拠にもとづいてネットワークを使用しプロセスを分析する方法、あるいは動物行動学における機能的問題に取り組むためのネットワークの利用方法の探求を開始できるのである。

動物行動学者の多くの読み手に社会ネットワークという主題に関心をもっていただき、この主題の領域をともに押し広げてゆきたいという、私たちの希望を表明して本書を締めくくろう。

Glossary of Frequently Used Terms

頻出語彙集

アソシエーション（association）：二個体以上の空間的・時間的近接により導かれる関係の形式。アソシエーションは集団内における共在により生じるとみなされることが多い。

アソシエーション指標（association index）：二個体間のアソシエーションの強度の指標。もっとも単純なものは「アソシエーション強度（association strength）」であり、データ収集期間を通じてあるペアがアソシエートした回数として定義される。

アソシエーション行列（association matrix）：ネットワークの簡便な数学的表現の一つ。各行、各列は個々の点を表し、成分は二点間の関係を表す。

属性データ（attribute data）：個々の点の特性を説明するデータ。

二値ネットワーク（binary network）：重み付けのない辺をもつネットワーク。つまり辺は存在するか（アソシエーション行列内で1と表現される）、存在しないかである（0と表現される）。

中心性（centrality）：ある点がネットワーク構造にとって重要な位置を占めている程度。点媒介性と次数が中心性の指標である。

クラスター化係数（clustering coefficient）：ネットワークの派閥性の指標。ある点の直接の隣接者同士が隣接している割合として計算される。

コミュニティ（community）：ネットワークの残りの部分と比べて密に結合し合う点の集合。

コンポーネント（component）：他の点と辺を通じて直接・間接に相互結合する点の集合。

次数（degree）：ある点につながる辺の数。

次数相関（degree correlation）：高次数の点が他の高次数の点と直接結合しやすい傾向。

次数分布（degree distribution）：次数ごとの点の数がネットワーク内のすべての点の数に占める割合。

密度（density）：ネットワークの密度は、存在可能な辺の総数に占める実測の辺の数の割合。

方向性のあるネットワーク（directed network）：辺が二点に関連する方向性をもつネットワーク。非互酬的アソシエーションやインタラクションは方向性のある辺を生む。

辺（edge）：二点間の線であり、社会的インタラクションやアソシエーションを表す。

辺媒介性（edge betweenness）：ある特定の辺を経由する二点間の最短経路の数。

フィルタリング（filtering）：ネットワークに含まれる点や辺の数を減らす方法。本書ではさまざまなフィルタリングの方法を用いた。

集団切り出し法（gambit of the group）：アソシエーションにもとづくデータからネットワークを構築する方法。同一グループで観察された二個体はアソシエートしているものとみなす。

インタラクション（interaction）：二個体間で明示的に生じる関係の一形式。

対角要素（leading diagonal）：正方行列において左上から右下に至る線上にある部分。アソシエーション行列の対角成分は点がそれ自身との間にもつ関係を表すが、本書ではあまり考慮しなかった。

モンテカルロ検定（Monte Carlo test）：ランダム化検定の形式の一つで、元データの構造のいくつかを保存し、他の特徴をランダム化する。

行列（matrix）：対象間の一対ごとの関係を表現する表。

モチーフ（motif）：辺が形作る三角形など、ネットワーク内に見出される小さな構造的特徴。

ネットワーク（network）：辺によって結合する点の集まり。ネットワークはアソシエーション行列のグラフ表現である。

点（node）：ネットワークにおける各対象。本書では個々の動物を表す。

点媒介性（node betweenness）：ある特定の点を経由する二点間の最短経路の数。

パス長（path length）：二点間の最短経路上の辺の数。

ランダム化検定（randomization test）：点ラベル・辺ラベル・その他のデータの特徴をランダム化することでネットワーク構造を統計的に検定する方法。

レギュラーネットワーク（regular network）：すべての点が同じ次数をもつネットワーク。

関係（relation）：個体間の一対ごとの関係。辺で関係を表す。本書では、関係はアソシエーションかインタラクションかのいずれかによって生じるとした。

関係性データ(relational data):ある二点間のインタラクションやアソシエーションを表すデータ。ネットワークは関係性データセットのグラフあるいは数学的表現である。

最短パス(shortest path):二点間で最小の辺の数を含む経路。

ばね埋め込み法(Spring embedding):ネットワークのレイアウトに役立つ可視化アルゴリズムの一つ。

トレース(trace):行列の対角成分の和。

方向性のないネットワーク(undirected network):関係がすべて非互酬的である、またはそうみなされるネットワーク。そうしたネットワークのアソシエーション行列は対角要素をはさんで対称となる。

重み付けのあるネットワーク(weighted network):辺が点間の強度やアソシエーションやインタラクションの頻度と関連づけられているネットワーク。

References
文　　献

Alba, R. D. (1982). Taking stock of network analysis: A decade's results. *Research in the Sociology of Organizations* 1: 39-74.

Albert, R., and A. L. Barabási (2002). Statistical mechanics of complex networks. *Reviews of Modern Physics* 74(1): 47-97.

Arnold, S. J., and M. J. Wade (1984). On the measurement of natural and sexual selection — theory. *Evolution* 38(4): 709-719.

Barabási, A., and E. Bonabeau (2003). Scale-free networks. *Scientific American* 288: 60-69.

Barabási, A. L., H. Jeong, Z. Neda, E. Ravasz, A. Schubert, and T. Vicsek (2002). Evolution of the social network of scientific collaborations. *Physica A* 311 (3-4): 590-614.

Barrat, A., M. Barthélemy, R. Pastor-Satorras, and A. Vespignani (2004). The architecture of complex weighted networks. *Proceedings of the National Academy of Sciences* 101: 3747-52.

Battiston, S., G, Weisbuch, and E. Bonabeau (2003). Decision spread in the corporate board network. *Adavances in Complex Systems* 6(4): 631-44.

Battiston, S., and M. Catanzaro (2004). Statistical properties of corporate board and director networks. *European Physical Journal B* 38(2): 345-52.

Beekmans, B. W. P., H. Whitehead, R. Huele, L. Steiner, and A. G. Steenbeek (2005). Comparison of two computer-assisted photo-identification methods applied to sperm whales (*Physeter macrocephalus*). *Aquatic Mammals* 31: 243-47.

Bejder, L., D. Fletcher, and S. Bräger (1998). A method for testing association patterns of social animals. *Animal Behaviour* 56: 719-25.

Berman, C. M., K.L.R. Rasmussen, and S. J. Suomi (1997). Group size, infant development and social networks in free-ranging rhesus monkeys. *Animal Behaviour* 53: 405-21.

Bernard, H. R., P. Killworth, D. Kronenfeld, and L. Sailer (1984). The problem of informant accuracy: The validity of retrospective data. *Annual Review of Anthropology* 13: 495-517.

Bezanson, M., P. A. Garber, J. Rutherford, and A. Cleveland (2002). Patterns of subgrouping, social affiliation and social networks in Nicaraguan mantled howler monkeys (*Alouatta palliata*). *American Journal of Physical Anthropology*: Supplement 34, 44.

Boccaletti, S., V. Latora, Y. Moreno, M. Chavez, and D.-U. Hwang (2006). Complex networks: Structure and dynamics. *Physics Reports* 424: 175-308.

Bollobás, B. (1985). *Random graphs*. London: Academic Press.

Borgatti, S. P. (2002). Netdraw: Graph visualization software. Harvard: Analytic Technologies.

Borgatti, S. P., M. G. Everett, and L. C. Freeman (2002). UCINET for windows: Software for social network analysis. Harvard: Analytic Technologies.

Borgatti, S, P., K. M. Carley, and D. Krackhardt (2006).On the robustness of centrality measures under conditions of imperfect data. *Social Networks* 28: 124-36.

Bradbury, J, W., and S. L. Vehrencamp (1998). *Principles of animal communication*. Sunderland, MA: Sinauer Associates.

Bradley, B. J., D. M. Doran-Sheehy, D. Lukas. C. Boesch, and L. Vigilant (2004). Dispersed male networks in western gorillas. *Current Biology* 14(6): 510-13.

Burley, N. (1988). Wild zebra finches have band-color preferences. *Animal Behaviour* 36: 1235-37.

Burt, R. S. (1983).Studying status/role-sets using mass surveys. In *Applied network analysis: A methodological introduction*, ed. R. Burt and M. Minor. Beverly Hills, CA: Sage.

Cairns, S. J., and S. J. Schwager (1987). A comparison of association indexes. *Animal Behaviour* 35: 1454-69.

Camazine, S., J. L. Deneubourg, N. R. Franks, J. Sneyd, G. Theraulaz, and E. Bonabeau (2001). *Self-organization in biological systems*. Princeton: Princeton University Press.

Carrington, P. J., J. Scott, and S. Wasserman, Eds. (2005). *Models and methods in social network analysis*. New York: Cambridge University Press.

Chepko-Sade, B. D., K. P. Reitz, and D. S. Sade (1989). Sociometrics of *Macaca mulatta* iv: Network analysis of social structure of pre-fission group. *Social Networks* 11: 293-314.

Chilvers, B. L., and P. J. Corkeron (2002). Association patterns of bottlenose dolphins (*Tursiops aduncus*) off Point Lookout, Queensland, Australia. *Canadian Journal of Zoology-Revue Canadienne De Zoologie* 80(6): 973-79.

Clauset, A., M.E.J. Newman, and C. Moore (2004). Finding community structure in very large networks. *Physical Review E* 70(6): 066111.

Clutton-Brock, T. H., F. E. Guinness, and S. D. Albon (1982). *Red deer: Behaviour and ecology of two sexes*. Chicago: University of Chicago Press.

Connor, R. C., M. R. Heithaus, and L. M. Barre (1999). Superalliance of bottlenose dolphins. *Nature* 397: 571-72.

Corner, L. A. L., D. U. Pfeiffer, and R. S. Morris (2003). Social-network analysis of mycobacterium bovis transmission among captive brushtail possums (*Trichosurus vulpecula*). *Preventive Veterinary Medicine* 59(3): 147-67.

Corr, J. (2001). Changes in social networks over the lifespan in male and female rhesus macaques. *American Journal of Physical Anthropology*. supplement 32, 54-55.

Costenbader, E., and T. W. Valente (2003). The stability of centrality measures when networks are sampled. *Social Networks* 25: 283-307.

Croft, D. P., B. J. Arrowsmith, J. Bielby, K. Skinner, E. White, I. D. Couzin, A. E. Magurran, I. Ramnarine, and J. Krause (2003). Mechanisms underlying shoal composition in the Trinidadian guppy (*Poecilia reticulata*). *Oikos* 100: 429-38.

Croft, D. P., J. Krause, and R. James (2004a). Social networks in the guppy (*Poecilia reticulata*). *Proceedings of the Royal Society of London Biology Letters* 271: 516-19.

Croft, D. P., M. S. Botham, and J. Krause (2004b). Is sexual segregation in the guppy, *Poecilia reticulata*, consistent with the predation risk hypothesis? *Environmental Biology of Fishes* 71: 127-33.

Croft, D. P., R. James, A.J.W. Ward, M. S. Botham, D. Mawdsley, and J. Krause (2005). Assortative interactions and social networks in fish. *Oecologia* 143(2): 211-19.

Croft, D. P., R. James, P.O.R. Thomas, C. Hathaway, D. Mawdsley, K. N. Laland, and J. Krause (2006). Social structure and co-operative interactions in a wild population of guppies (*poecilia reticulata*). *Behavioral Ecology and Sociobiology* 59(5): 644-50.

Cross, P. C., J. O. Lloyd-Smith, J. A. Bowers, C. T. Hay, M. Hofmeyr, and W. M. Getz (2004). Integrating association data and disease dynamics in a social ungulate: Bovine tuberculosis in african buffalo in the Kruger National Park. *Annales Zoologici Fennici* 41(6): 879-92.

Cross, P. C., J. O. Lloyd-Smith, and W. M. Getz (2005). Disentangling association patterns in fission-fusion societies using african buffalo as an example. *Animal Behaviour* 69: 499-506.

de Nooy, W., A. Mrvar, and V. Batagelj (2005). *Exploratory social network analysis with pajek*. New York: Cambridge University Press.

Deputte, B. L., and R. Quris (1997). Socialization processes in primates: Use of multivariate analyses. 2. Influence of sex on social development of captive rhesus monkeys. *Behavioural Processes* 40(1): 85-96.

de Waal, F.B.M. (1996). Macaque social culture: Development and perpetuation of affiliative networks. *Journal of Comparative Psychology* 110(2): 147-154.

Dobson, A. (2001). *Introduction to generalized linear models*, 2nd ed. London and Boca Raton, FL: Chapman and Hall/CRC.

Dorogovtsev, S. N., and J.F.F. Mendes (2003). *Evolution of networks: From biological nets to the Internet and www*. Oxford: Oxford University Press.

Douglas, M. E., and J. A. Endler (1982). Quantitative matrix comparisons in ecological and evolutionary investigations. *Journal of Theoretical Biology* 99(4): 777-95.

Dugatkin, L. A. (1988). Do guppies play tit for tat during predator inspection visits? *Behavioural Ecology and Sociobiology* 23(6): 395-99.

Dugatkin, L. A., and D. S. Wilson (2000). Assortative interactions and the evolution of cooperation during predator inspection in guppies (*Poecilia reticulata*). *Evolutionary*

Ecology Research 2(6): 761-67.

Dunne, J. A., R. J. Williams, and N. O. Martinez (2002). Network structure and biodiversity loss in food webs: Robustness increases with connectance. *Ecology Letters* 5(4): 558-67.

Durrell, J. L., I. A. Sneddon, N. E. O'Connell, and H. Whitehead (2004). Do pigs form preferential associations? *Applied Animal Behaviour Science* 89(1-2): 41-52.

Ebel, H., L. I. Mielsch, and S. Bornholdt (2002). Scale-free topology of e-mail networks. *Physical Review E* 66: 035103.

Efron, B. (1982). The jackknife, the bootstrap, and other resampling plans. *Society of Industrial and Applied Mathematics CBMS-NSF Monographs* 38.

Erdös, P., and A. Rényi (1959). On random graphs. *Publ. Math. Debrecen* 6: 290-97.

Fager, E. W. (1957). Determination and analysis of recurrent groups. *Ecology* 38: 586-95.

Faloutsos, M., P. Faloutsos, and C. Faloutsos (1999). On power-law relationships of the Internet topology. *ACM SIGCOMM Computer Communication Review* 29: 251-62.

Faust, K. (2006). Comparing social networks: Size, density, and local structure. *Metodološki zvezki* 3(2): 185-216.

Faust, K., and J. Skvoretz (2002). Comparing networks across space and time, size and species. *Sociological Methodology* 32: 267-99.

Fewell, J. H. (2003). Social insect networks. *Science* 301(5641): 1867-70.

Flack, J. C., M. Girvan, F.B.M. de Waal, and D. C. Krakauer (2006). Policing stabilizes construction of social niches in primates. *Nature* 439(7075): 426-29.

Flack J. C., and D. C. Krakauer (2006). Encoding power in communication networks. *American Naturalist* 168: 87-102.

Flack J. C., and F. de Waal (2007). Context modulates signal meaning in primate communication. *Proceedings of the National Academy of Sciences* 104: 1581-86.

Fortunato, S., and M. Barthélemy (2007). Resolution limit in community detection. *Proceedings of the National Academy of Sciences of the United States of America* 104: 36-41.

Fowler, J., L. Cohen, and P. Jarvis (1998). *Practical statistics for field biology*. Chichester, UK: John Wiley & Sons.

Frank, O. (1978). Sampling and estimation in large social networks. *Social Networks* 1 (1): 91-101.

Frank, O. (1979). Estimation of population totals by use of snowball samples. In *Perspectives on social network research*, ed. P. W. Holland and S. Leinhartd. New York: Academic Press.

Freeman, L. C. (1992). The sociological concept of "group" — an empirical test of two models. *American Journal of Sociology* 98(1): 152-66.

Girvan, M., and M.E.J. Newman (2002). Community structure in social and biological networks. *Proceedings of the National Academy of Sciences of the United States of America* 99(12): 7821-26.

Good, P. (2000). *Permutation tests: A practical guide to resampling methods for testing hypotheses*. New York: Springer.

Goodman, L. A. (1961). Snowballing sampling. *Annals of Mathematical Statistics* 32: 148-70.

Granovetter, M. (1974). *Getting a job*. Cambridge, MA: Harvard University Press.

Greenacre, M. J. (1984). *Theory and applications of correspondence analysis*. New York: Academic Press.

Griffiths, S. W., and A. E. Magurran (1998). Sex and schooling behaviour in the Trinidadian guppy. *Animal Behaviour* 56: 689-93.

Guimerà, R., M. Sales-Pardo, and L.A.N. Amaral (2004). Modularity from fluctuations in random graphs and complex networks. *Physical Review E* 70: 025101.

Guimerà, R., and L.A.N. Amaral (2005). Functional cartography of complex metabolic networks. *Nature* 433(7028): 895-900.

Gupta, S., R. M. Anderson, and R. M. May (1989). Networks of sexual contacts—implications for the pattern of spread of HIV. *Aids* 3(12): 807-17.

Haccou, P., and E. Meelis (1992). *Statistical analysis of behavioral data: An approach based on time-structured models*. New York: Oxford University Press.

Hart, B. L., and L. A. Hart (1992). Reciprocal allogrooming in impala, *Aepyceros melampus*. *Animal Behaviour* 44: 1073-83.

Harvey, P., and M. Pagel (1991). *The comparative method in evolutionary biology*. Oxford: Oxford University Press.

Helfman, G. S. (1984). School fidelity in fishes — the yellow perch pattern. *Animal Behaviour* 32: 663-72.

Hemelrijk, C. K. (1990a). Models of, and tests for, reciprocity, unidirectionality and other social-interaction patterns at a group level. *Animal Behaviour* 39: 1013-29.

——— (1990b). A matrix partial correlation test used in investigations of reciprocity and other social-interaction patterns at group level. *Journal of Theoretical Biology* 143(3): 405-20.

Hinde, R. A. (1976). Interactions, relationships and social structure. *Man* 11: 1-17.

Hoare, D. J., G. D. Ruxton, J.G.J. Godin, and J. Krause (2000). The social organisation of free-ranging fish shoals. *Oikos* 89(3): 546-54.

Holland, P. W., and S. Leinhardt (1973). Structural implications of measurement error in sociometry. *Journal of Mathematical Sociology* 3(1): 85-111.

——— (1981). An exponential family of probability distributions for directed graphs. *Journal of the American Statistical Association* 76(373): 33-50.

Huisman, M., and M.A.J. van Duijn (2005). Software for social network analysis. In *Models and methods in social network analysis*, ed. P. J. Carrington, J. Scott, and S.

Wasserman. Cambridge: Cambridge University Press: 270-316.

Itani J. and A. Nishimura (1973). The study of infrahuman culture in Japan. In *Precultural primate behavior*, ed. E.W. Menzel. Basel: Karger: 26-50.

Jasny, B. R., and L. B. Ray (2003). Life and the art of networks. *Science* 301(5641): 1863.

Katz, L., and J. H. Powell (1953). A proposed index of conformity of one sociometric measurement to another. *Psychometrika*, 18: 249-56.

Kaufman, L., and P. J. Rousseeuw (1990). *Finding groups in data: An introduction to cluster analysis*. New York: John Wiley & Sons.

Kendall, M. G. (1962). *Rank correlation methods*. London: Charles Griffin.

Kirkpatrick, S., C. D. Gelatt, and M. P. Vecchi (1983). Optimization by simulated annealing. *Science* 220(4598): 671-80.

Kleinbaum, D. (1994). *Logistic regression analysis: A self-learning text*. New York: Springer-Verlag.

Knox, K. L., and D. S. Sade (1991). Social behavior of the emperor tamarin in captivity: components of agonistic display and the agonistic network. *International Journal of Primatology* 12(5): 439-80.

Kollmann, M., L. Lovdok, K. Bartholome, J. Timmer, and V. Sourjik (2005). Design principles of a bacterial signaling network. *Nature* 438(7067): 504-7.

Kossinets, G. (2006). Effects of missing data in social networks. *Social Networks* 28: 247-68.

Krause, J., and G. D. Ruxton (2002). *Living in groups*. Oxford: Oxford University Press.

Krebs, C. J. (1998). *Ecological methodology*. Menlo Park, CA: Benjamin/Cummings.

Krebs, J. R., and N. B. Davies (1996). *An introduction to behavioural ecology*. Oxford: Blackwell Science Ltd.

Kudo, H., and R.I.M. Dunbar (2001). Neocortex size and social network size in primates. *Animal Behaviour* 62: 711-22.

Lane-Petter, W. (1978). Identification of laboratory animals. In *Animal marking: Recognition marking of animals in research*, ed. B. Stonehouse. London: Macmillan: 35-39.

Latora, V., and M. Marchiori (2001). Efficient behavior of small-world networks. *Physical Review Letters* 8719(19): 198701.

Laughlin, S. B., and T. J. Sejnowski (2003). Communication in neuronal networks. *Science* 301(5641): 1870-74.

Laumann, E., P. Marsden, and D. Prensky (1983). The boundary specification problem in network analysis. In *Applied network analysis*, ed. R. Burt and M. Minor. London: Sage Publications: 18-34.

Lee, S. H., P. Kim, and H. Jeong (2006). Statistical properties of sampled networks. *Physical Review E* 73: 016102.

Lewin, K. (1951). *Field theory in the social sciences*. New York: Harper.

Lima, S. L., and P. A. Zollner (1996). Towards a behavioral ecology of ecological landscapes. *Trends in Ecology & Evolution* 11(3): 131-35.
Lusseau, D. (2003). The emergent properties of a dolphin social network. *Proceedings of the Royal Society of London Series B-Biological Science* 270(Suppl. 2): S186-S188.
Lusseau, D. (2007). Evidence for social role in a dolphin social network. *Evolutionary Ecology*. 21(3): 357-66.
Lusseau, D., K. Schneider, O. J. Boisseau, P. Haase, E. Slooten, and S. M. Dawson (2003). The bottlenose dolphin community of Doubtful Sound features a large proportion of long-lasting associations — can geographic isolation explain this unique trait? *Behavioral Ecology and Sociobiology* 54(4): 396-405.
Lusseau, D., and M.E.J. Newman (2004). Identifying the role that animals play in their social networks. *Proceedings of the Royal Society of London Series B-Biological Sciences* 271: S477-S481.
Lusseau, D., B. Wilson, P. S. Hammond, K. Grellier, J. W. Durban, K. M. Parsons, T. R. Barton, and P. M. Thompson (2006). Quantifying the influence of sociality on population structure in bottlenose dolphins. *Journal of Animal Ecology* 75: 14-24.
Lusseau, D., H. Whitehead, and S. Gero (2008). Incorporating uncertainty into the study of animal social networks. *Animal Behaviour*. 75(5): 1809-1815.
MacCarthy, T., R. Seymour, and A. Pomiankowski (2003). The evolutionary potential of the *Drosophila* sex determination gene network. *Journal of Theoretical Biology* 225 (4): 461-68.
Magurran, A. (2003). *Measuring biological diversity*. Oxford, UK: Blackwell Science.
Magurran, A. E. (2005). *Evolutionary ecology: The Trinidadian guppy*. Oxford, UK: Oxford University Press.
Manly, B.F.J. (1995). A note on the analysis of species co-occurrences. *Ecology* 76: 1109-15.
———— (1997). *Randomization, bootstrap and Monte Carlo methods in biology*. London: Chapman & Hall.
Manson, J. H., C. D. Navarrete, J. B. Silk, and S. Perry (2004). Time-matched grooming in female primates? New analyses from two species. *Animal Behaviour* 67: 493-500.
Mantel, N. (1967). The detection of disease clustering and a generalized regression approach. *Cancer Research* 27: 209-20.
Martin, P., and P. Bateson (2007). *Measuring behaviour: An introductory guide*. Cambridge, UK: Cambridge University Press.
Maryanski, A. R. (1987). African ape social structure: is there strength in weak ties. *Social Networks* 9(3): 191-215.
May, R. M. (2006). Network structure and the biology of populations. *Trends in Ecology and Evolution* 21(7): 394-99.
Maynard Smith, J. (1982). *Evolution and the theory of games*. Cambridge, UK:

Cambridge University Press.
McDonald, D. B. (2007). Predicting fate from early connectivity in a social network. *Proceedings of the National Academy of Sciences* 104: 10910-14.
McGregor, P. K., and T. Dabelsteen (1996). Communication networks. In *Ecology and evolution of acoustic communication*, ed. D. E. Kroodsma and E. H. Miller. Ithaca, N.Y.: Cornell University Press: 409-25.
McPherson, M., L. Smith-Lovin, and J. M. Cook (2001). Birds of a feather: Homophily in social networks. *Annual Review of Sociology* 27: 415-44.
Milgram, S. (1967). The small-world problem. *Psychology Today* 2: 60-67.
Michelena, P., K. Henric, J. M. Angibault, J. Gautrais, P. Lapeyronie, R. H. Porter, J. L. Deneubourg, and R. Bon (2005). An experimental study of social attraction and spacing between the sexes in sheep. *Journal of Experimental Biology* 208: 4419-42.
Milinski, M. (1987). Tit-for-tat in sticklebacks and the evolution of cooperation. *Nature* 325(6103): 433-35.
Milo, R., S. Itzkovitz, N. Kashtan, R. Levitt, S. Shen-Orr, I. Ayzenshtat, M. Sheffer, and U. Alon (2004). Superfamilies of evolved and designed networks. *Science* 303(5663): 1538-42.
Moreno, J. (1934). *Who shall survive?* Washington DC: Nervous and Mental Diseases Publishing Company.
Moreno, Y., M. Nekovee, and A. Pacheco (2004). Dynamics of rumor spreading in complex networks. *Physical Review E* 69(6): 066130.
Nakamichi, M., and N. Koyama (2000). Intra-troop affiliative relationships of females with newborn infants in wild ring-tailed lemurs (*Lemur catta*). *American Journal of Primatology* 50: 187-203.
Newman, M.E.J. (2001a). Who is the best connected scientist? A study of scientific coauthorship networks. *Physical Review E* 64: 016131.
——— (2001b). Clustering and preferential attachment in growing networks. *Physical Review E* 64: 025102.
——— (2003a). The structure and function of complex networks. *Siam Review* 45(2): 167-256.
——— (2003b). Mixing patterns in networks. *Physical Review E* 67(2): 026126.
——— (2003c). Properties of highly clustered networks. *Physical Review E* 68(2): 026121.
——— (2004). Detecting community structure in networks. *European Physical Journal B* 38(2): 321-30.
——— (2006a). Modularity and community structure in networks. *Proceedings of the National Academy of Sciences of the United States of America* 103(23): 8577-82.
——— (2006b). Finding community structure in networks using the eigenvectors of matrices. *Physical Review E* 74: 036104.

Newman, M.E.J., S. H. Strogatz, and D. J. Watts (2001). Random graphs with arbitrary degree distributions and their applications. *Physical Review E* 64: 026118.

Newman, M.E.J. and M. Girvan (2004). Finding and evaluating community structure in networks. *Physical Review E* 69(2): 026113.

Noh, D. J., and H. Rieger (2002). Stability of shortest paths in complex netwotks with random edge weights. *Physical Review E* 66: 066127.

Nowak, M. A., and R. M. May (1992). Evolutionary games and spatial chaos. *Nature* 359 (6398): 826-29.

Nowak, M. A., S. Bonhoeffer, and R. M. May (1994). Spatial games and the maintenance of cooperation. *Proceedings of the National Academy of Sciences of the United States of America* 91 (11): 4877-81.

Ohtsuki, H., C. Hauert, E. Lieberman, and M. A. Nowak (2006). A simple rule for the evolution of cooperation on graphs and social networks. *Nature* 441 (7092): 502-5.

Onnela, J.-K., J. Saramäki, J. Kertész, and K. Kaski (2005).Intensity and coherence of motifs in weighted complex networks. *Physical Review E* 71: 065103.

Ottensmeyer, C. A., and H. Whitehead (2003). Behavioural evidence for social units in long-finned pilot whales. *Canadian Journal of Zoology-Revue Canadienne De Zoologie* 81(8): 1327-38.

Palla, G., I. Derényi, I. Farkas, and T. Vicsek (2005). Uncovering the overlapping community structure of complex networks in nature and society. *Nature* 435: 814-18.

Pastor-Nieto, R. (2001). Grooming, kinship, and co-feeding in captive spider monkeys (*Ateles geoffroyi*). *Zoo Biology* 20(4): 293-303.

Pastor-Satorras, R., and A. Vespignani (2001). Epidemic spreading in scale-free networks. *Physical Review Letters* 86(14): 3200-3203.

Pattison, P., and S. Wasserman (1999). Logit models and logistic regressions for social networks: II. Multivariate relations. *British Journal of Mathematical & Statistical Psychology* 52: 169-93.

Pitcher, T. J. (1983). Heuristic definitions of shoaling behaviour. *Animal Behaviour* 31: 611-13.

Pitcher, T. J., D. A. Green, and A. E. Magurran (1986). Dicing with death — predator inspection behaviour in minnow shoals. *Journal of Fish Biology* 28(4): 439-48.

Potterat, J., L. Phillips-Plummer, S. Muth, R. Rothenberg, D. Woodhouse, T. Maldonaldo-Long, H. Zimmerman, and J. Muth (2002). Risk network structure in the early epidemic phase of HIV transmission in Colorado Springs. *Sexually Transmitted Infections* 78: i159-i163 Suppl. 1.

Proulx, S. R., D. E. L. Promislow, and P. C. Phillips (2005). Network thinking in ecology and evolution. *Trends in Ecology & Evolution* 20(6): 345-53.

Radicchi, F., C. Castellano, F. Cecconi, V. Loreto, and D. Parisi (2004). Defining and identifying communities in networks. *Proceedings of the National Academy of Sciences of the United States of America* 101(9): 2658-63.

Rausher, M. D., R. E. Miller, and P. Tiffin (1999). Patterns of evolutionary rate variation among genes of the anthocyanin biosynthetic pathway. *Molecular Biology and Evolution* 16(2): 266-74.

Reichardt, J., and S. Bornholdt (2004). Detecting fuzzy community structures in complex networks with a Potts model. *Physical Review Letters* 93: 218701.

Sade, D. S. (1972). Sociometrics of *Macaca mulatta* — linkages and cliques in grooming matrices. *Folia Primatologica* 18(3-4): 196-223.

Sade, D. S. (1989). Sociometrics of *Macaca mulatta*. 3. N-path centrality in grooming networks. *Social Networks* 11(3): 273-92.

Sade, D. S., M. Altmann, J. Loy, G. Hausfater, and J. A. Breuggeman (1988). Sociometrics of *Macaca mulatta*. 2. Decoupling centrality and dominance in rhesus-monkey social networks. *American Journal of Physical Anthropology* 77(4): 409-25.

Sade, D. S., and M. M. Dow (1994). Primate social networks. In *Advances in social network analysis*, ed. S. Wasserman and J. Galaskiewicz. California: Sage Publications: 152-66.

Saramäki, J., M. Kivelä, j.-P. Onnela, K. Kaski, and J. Kertész (2007). Generalizations of the clustering coefficient to weighted complex networks. *Physical Review E* 75(2): 027105.

Schnell, G., D. Watt, and M. Douglas (1985). Statistical comparison of proximity matrices: Applications in animal behavior. *Animaal Behaviour* 33: 239-53.

Scott, J. (2000). *Social network analysis: A handbook*. London: Sage Publications.

Sen, .P, S. Dasgupta, A. Chatterjee, P. A. Sreeram, G. Mukherjee, and S. S. Manna (2003). Small-world properties of the Indian railway network. *Physical Review E* 67(3): 036106.

Seyfarth, R. M. (1976). Social relationships among adult female baboons. *Animal Behaviour* 24: 917-38.

——— (1980). The distribution of grooming and related behaviours among adult female vervet monkeys. *Animal Behaviour* 28: 798-813.

Shorrocks, B., and D. P. Croft (2006). Giraffe necks and networks. *Mpala News* 3: 3.

Sibbald, A. M., D. A. Elston, D.J.F. Smith, and H. W. Erhard (2005). A method for assessing the relative sociability of individuals within groups: An example with grazing sheep. *Applied Animal Behaviour Science* 91(1-2): 57-73.

Siegel, S., and N. J. Castellan (1988). *Nonparametric statistics for behavioural science*. New York: McGraw-Hill.

Sih, A., A. M. Bell, J. C. Johnson, and R. E. Ziemba (2004). Behavioral syndromes: An integrative overview. *Quarterly Review of Biology* 79(3): 241-77.

Slooten, E., S. M. Dawson, and H. Whitehead (1993). Associations among photographically identified Hectors dolphins. *Canadian Journal of Zoology-Revue Canadienne De*

Zoologie 71(11): 2311-18.

Snijders, T. (1996a). Analysis of longitudinal data using the hierarchical linear model. *Quality & Quantity* 30(4): 405-26.

Snijders, T. A. B. (1996b). Stochastic actor-oriented models for network change. *Journal of Mathematical Sociology* 21(1-2): 149-172.

Snijders, T. A. B. (2005). Models for longitudinal network data. *In Models and methods in social network analysis*, ed. P. J. Carrington, J. Scott, and S. Wasserman. New York: Cambridge University Press: 215-47.

Snijders, T. A. B. and C. Baerveldt (2003). A multilevel network study of the effects of delinquent behavior on friendship evolution. *Journal of Mathematical Sociology* 27(2-3): 123-51.

Sokal, R. R., and F. J. Rohlf (1994). *Biometry: The principles and practice of statistics in biological research*. New York: W.H. Freeman and Co.

Solé, R. V., and J. M. Montoya (2001). Complexity and fragility in ecological networks. *Proceedings of the Royal Society of London Series B-Biological Sciences* 268(1480): 2039-45.

Solé, R. V., and S. Valverde (2006). Are network motifs the spandrels of cellular complexity? *Trends in Ecology & Evolution* 21(8): 419-22.

Stoinski, T. S., M. P. Hoff, and T. L. Maple (2003). Proximity patterns of female western lowland gorillas (*Gorilla gorilla gorilla*) during the six months after parturition. *American Journal of Primatology* 61(2): 61-72.

Strier, K. B., L. T. Dib, and J. E. C. Figueira (2002). Social dynamics of male muriquis (*Brachyteles arachnoides hypoxanthus*). *Behaviour* 139: 315-42.

Stumpf, M.P.H., C. Wuif, and R. M. May (2005). Subnets of scale-free networks are not scale-free: Sampling properties of networks. *Proceedings of the National Academy of Sciences* 102 (12): 4221-24.

Sundaresan, S. R., I. R. Fischhoff, J. Dushoff, and D. I. Rubenstein (2007). Network metrics reveal differences in social organization between two fission-fusion species, Grevy's zebra and onager. *Oecologia* 151(1): 140-49.

Sutherland, W. (1996). *From individual behaviour to population ecology*. Oxford: Oxford University Press.

Tadic, B. (2001). Dynamics of directed graphs: The world-wide web. *Physica A* 293(1-2): 273-284.

Twigg, G. I. (1978). Marking mammals by tissue romoval In *Animal marking: Recognition marking of animals in research*, ed. B. Stonehouse. London: Macmillan: 109-18.

von Dassow, G., E. Meir, E. M. Munro, and G. M. Odell (2000). The segment polarity network is a robust development module. *Nature* 406(6792): 188-92.

Vonhof, M. J., H. Whitehead, and M. B. Fenton (2004). Analysis of Spix's disc-winged bat association patterns and roosting home ranges reveal a novel social structure among bats. *Animal Behaviour* 68: 507-21.

Ward, A.J.W., M. S. Botham, D. J. Hoare, R. James, M. Broom, J. G. J. Godin, and J. Krause (2002). Association patterns and shoal fidelity in the three-spined stickleback. *Proceedings of the Royal Society of London Series B-Biological Sciences* 269 (1508): 2451-55.

Wasserman, S., and K. Faust (1994). *Social network analysis: Methods and applications*. Cambridge, UK: Cambridge University Press.

Wasserman, S., and P. Pattison (1996). Logit models and logistic regressions for social networks. 1. An introduction to markov graphs and p. *Psychometrika* 61(3): 401-25.

Wasserman, S., and G. Robins (2005). An introduction to random graphs, dependence graphs, and p*. In *Models and methods in social network analysis*, ed. P. J. Carrington, J. Scott, and S. Wasserman. New York: Cambridge University Press.

Watts, D. J. (1999). *Small worlds: The dynamics of networks between order and randomness*. Princeton: Princeton University Press.

Watts, D. J., and S. H. Strogatz (1998). Collective dynamics of "small-world" networks. *Nature* 393(6684): 440-42.

Webb, C. R. (2005). Farm animal networks: Unraveling the contact structure of the British sheep population. *Preventive Veterinary Medicine* 68(1): 3-17.

Wey, T., D. T. Blumstein, W. Shen, and F. Jordán (2008). Social network analysis of animal behaviour: A promising tool for the study of sociality. *Animal Behaviour* 75 (2): 333-344.

Whitehead, H. (1997). Analysing animal social structure. *Animal Behaviour* 53: 1053-67.

――― (1999). Testing association patterns of social animals. *Animal Behaviour* 57: F26-F29.

――― (2008). *Analyzing animal societies: Quantitative methods for vertebrate social analysis*. Chicago: University of Chicago Press.

Whitehead, H., L. Bejder, and A. C. Ottensmeyer (2005). Testing association patterns: Issues arising and extensions. *Animal Behaviour* 69: e1-e6.

Whitehead, H., and S. Dufault (1999). Techniques for analyzing vertebrate social structure using identified individuals: Review and recommendations *Adv a nces in the study of behavior, vol. 28*. San Diego: Academic Press: 33-74.

Wilkinson, G. S. (1985). The social-organization of the common vampire bat. 1. Pattern and cause of association. *Behavioral Ecology and Sociobiology* 17(2): 111-21.

Wilson, E. O. (1975). *Sociobiology The new synthesis*. Cambridge, MA: Harvard University Press.

Wittemyer, G., I. Douglas-Hamilton, and W. M. Getz (2005). The socioecology of elephants: Analysis of the processes creating multitiered social structures. *Animal Behaviour* 69: 1357-71.

Wolf, J.B.W., D. Mawdsley, F. Trillmich, and R. James (2007). Social structure in a colonial mammal: Unravelling hidden structural layers and their foundations by network analysis. *Animal Behaviour*, 74: 1293-1302.

Xu, T., R. Chen, Y. He, and D. R. He (2004). Complex network properties of Chines power grid. *International Journal of Modern Physics B* 18(17-19): 2599-603.

Yoon, S., S. Lee, S. Yook, and Y. Kim (2007). Statistical properties of sampled networks by random walks. *Physical Review E* 75: 046114.

Zimen, E. (1982). A wolf pack sociogram. In *Wolves of the world: Perspectives of behaviour, ecology and conservation* ed. F. H. Harrington and P. C. Paquet. Park Ridge, N.J.: Noyes Publishers: 282-322.

訳者あとがき

　本書の原著 "Exploring Animal Social Network" を読んで社会ネットワーク分析を勉強したときに覚えた知的な興奮を、動物行動学を専門とする方々と日本語で共有したいという気持ち、そしてこんな内容の日本語の教科書にもっと早く出会いたかったと感じた経験が、私が原著を翻訳しようと思い立った動機です。

　著者のクロフトらは、原著を執筆した動機について第1章で打ち明けており、当時の欧米において「社会ネットワーク分析の方法を扱う書籍は数多いものの、動物行動学の分野での応用に適した教科書がなかった」状況を挙げています。原著の出版からすでに10年以上が経過しておりますが、日本ではまさにこの状況が今も続いていると私は感じています。

　一方で、日本の動物行動学者による、社会ネットワーク分析を用いた論文の出版や学会発表は、近年非常に多くなってきています。社会ネットワーク分析は、今やこの分野の研究者にとって、個別の調査手法と並んで重要な、（知っていて当然の）基本的な分析技法となりつつあるのです。本書の中でも強調されていますが、苦労して得たデータを用いて対象動物の社会ネットワークを視覚化するのは刺激的な経験です。しかしその段階を超えて、社会ネットワークについての統計検定など量的分析を実行して、個体の行動とその集団のふるまいとを一つの枠組みの中で理解したり、複数の社会ネットワークを比較したりするところに、社会ネットワーク分析のもっとも面白くエキサイティングな側面があります。

　本書は、UCINET などのソフトウェアの使い方、基本的な用語や概念、データ収集から基本的な分析、そして高度な分析に至るまでを網羅的に扱っています。重要なのは、最初は難しそうに見えるこうした内容を、初学者でも理解しやすいよう具体例を挙げながら丁寧に扱っている点です。また分析を実行できる前提条件や注意点を強調し、何でもかんでも社会ネットワーク分析にかけようとするありがちな態度を諫めています。このように社会ネットワーク分析を勉強する者にとって、まさに「かゆいところに手が届く」包括的な内容になっています。原著出版以来10年の間に、この分野が急速に進歩したことは事実ですが、社会ネットワーク分析の普遍的な内容を扱っている本書の、少なくとも「入門」書としての価値がきわめて高いということは変わりありません。社会ネットワーク分析を研究に積極的に取り入れたいと思っている方々だけではなく、それに対して批判的な方々も含めて、すべての動物行動学者に手に取っていただきたい本です。

　2011年に原著に出会って以来、はじめは私自身の内容理解を深めるために原著の翻訳を開始しました。本書の重要性を確信して、日本語版の出版計画を2015年に私が持ちかけたときから、実現に向けて尽力してくださった東海大学出版部の田志口克己さんには、最後まで丁寧に対応していただき、作業を後押ししていただきました。訳出作業の最終年度には、帝京科学大学大学院理工学研究科アニマルサイエンス専攻の修士課程の学生を対象としたゼミ形式の授業内で、原著を教科書として用い、訳語の統一や日本語表現の工夫などを学生たちも手伝ってもらい、大変助けられました。これらの方々にこの場をかりて深くお礼申し上げます。

2019年2月

島田将喜

Index

索　引

A-Z

K_r検定　175
kクリーク　160
K検定　172
MATLAB　18
MatrixtesterPrj　169,175
NETDRAW　17,50-54,57,58,66,67,146,147
p^*モデル　184-186
pajek　181
POPTOOLS　18,110
p値　110,117,118,127,129,131,155,170,179
Q値　149-151,155,156
SOCPROG　18,45,114,117,169
UCINET　17,18,45-48,50,53,54,66,74,75,79,80,82,84,98,101,105,174,181
Wald法　185

あ

アカゲザル Macaca mulatta　29,54-56,63,198
アカシカ Cervus elaphus　27,119-122,126-128,135
アクター　33,34,172,188
アシカ　66,141,193
アソシエーション　1,6,7,11,22-26,28-35,38-42,45,47,49,51,66-73,82,103-105,111-113,117-122,127,132,133,135,136,138,140,144,145,160-162,164,167,169,170,174-176,179,185,190,192-195,197
アフリカスイギュウ Syncerus caffer　72,162,176,193
アフリカゾウ Loxodonta africana　162,193

アミメキリン Camelopardis reticulatta　36,38,52
アルゴリズム　5,17,18,49,53,54,56,145-149,151,162
閾値　26,66-68,73,117-119,160
異質性　63,64,66,104,114,144,148
威信　61
一般化線形モデル　184
イトヨ Gasterosteus aculeatus　193
イルカ　2,66,110,116,117,143,148,162,163,191,193
インターネット　4,17,197
インタラクション　1,2,4-16,19-25,28-30,32-35,39,40,42,43,45,49-51,54-56,61,63,65-68,70,72,73,103-105,107,110-112,116,134,140,144,159,165,167,169-172,174,178,183,186,190,191,193,194
インタラクション強度　167,171
インドノロバ Equus hemionus khur　179
疫学　14
エルデシュ=レーニィランダムネットワーク　160,166,180
遠隔感知技術　194
エンペラータマリン Saguinus imperator　193
オオカミ Canis lupus　8,9
オナガー Equus hemionus　179,193
オナガセアオマイコドリ Chiroxiphia linearis　193
オニイトマキエイ Manta birostris　36

か

階層的クラスター化　137,161,162
架空生物　10,11,105
学習　14,25,104

索引   219

確率　18, 28, 37, 71, 120, 124, 169, 184-186, 188
確率分布　151, 152
仮説行列　134, 174, 175
仮想集団　37, 45
家畜　193, 194
下部構造　21, 28, 136, 137, 142, 163, 180, 191
ガラパゴスアシカ *Zalophus wollebaeki*　66, 141, 163, 193
関係性データ　11, 12, 14, 34, 35, 42, 46, 48, 66, 103, 104, 114, 145, 161, 175, 196, 198
感染　14, 26, 29, 67, 176, 195, 197
キープレイヤー　50, 61, 62
寄生虫　1, 107, 108, 114
帰無仮説　112
帰無モデル　6, 21, 87, 105, 111, 115, 126, 131, 135, 167, 181, 189, 190, 196
境界効果　43
凝集・凝集性　86, 196
協力　1, 13, 23-25, 29, 162, 169, 170, 193
行列　2, 6, 18, 20, 49, 54, 96, 120, 133, 138-140, 145, 160, 165-169, 174, 175, 185, 186, 192
局所構造　82, 180, 188
巨大結合コンポーネント　89
距離　8, 26-28, 77-81, 85, 86, 91, 100
距離行列　18
魚類　7, 26, 27, 193
キリン　36, 37, 53, 60, 67, 68
近接　24-28, 33, 49, 56, 61, 71, 78, 90, 104, 195
近接者　50, 63, 81, 82, 85, 86, 90, 152
グッピー *Poecilia reticulata*　27, 32, 40, 91, 126, 142, 152, 154, 155, 157-161, 169, 193, 195
クモザル　193
クラスター化係数　80-84, 87, 88, 90-92, 96, 97, 101, 102, 104, 105, 108, 111, 120, 122, 124, 127, 129, 131, 136, 141, 166, 177-181
クラスター分析　6, 145, 162, 176
グラフ　2, 5, 49, 66, 68, 75, 82, 84, 85, 87, 117, 122, 126

クリーク　83, 127, 148, 160, 177
グループ　5-7, 10, 17, 19, 23-29, 40, 45, 53, 62, 65, 67, 68, 70-73, 83, 94, 111-116, 120-122, 124, 126, 127, 129, 132, 133, 135, 136, 160-162, 169, 179, 182, 183, 187, 194-197
グレビーシマウマ *Equus grevyi*　178, 179, 193
群泳　114, 169, 195
鯨類　7, 16, 70, 193
ゲーム理論　13
毛づくろい　23, 24, 29, 30, 32, 33, 54, 56, 63, 165, 174, 186
結合　23, 27, 29, 32, 43, 44, 49, 50, 53, 56, 58-63, 67, 68, 111, 113, 116, 122, 134, 136, 137, 139, 143-147, 154, 157, 158, 160, 162, 163, 177, 180, 181, 185, 191, 195, 197
交換　25, 171, 175
攻撃　9, 23, 33, 169, 172
構造的同値　137
行動　1, 4, 6, 8-10, 12-17, 23, 33, 56, 86, 105, 107, 111, 120, 137, 145, 164, 166, 168-172, 188, 190, 191, 198
コウモリ　29, 147, 162
互酬性　171, 172
個体識別　35-37, 61, 63, 110
コミュニティ　86, 138, 144-152, 154-163, 191, 198
固有ベクトル　160
ゴリラ　164, 193
昆虫類　193
コンポーネント　40, 50, 58, 59-61, 63, 67, 68, 77, 79, 80, 85, 89, 90, 98-101, 124, 126, 131, 133, 139, 146, 148, 161

さ

最近隣接者　152
再サンプリング　40, 44
採食　26, 29, 84
最短パス　77, 85, 86, 97, 100, 124, 147
サバンナシマウマ *Equus burchelli*　36

サル 195
サンプリング 22,32,39,40,42-45,90,105, 110,111,117,134,135,144,178,194,197
サンプルサイズ 42,117
時系列分析 187
次数（出次数，入次数） 84-87,89,90,92-94, 96,98-100,105,111,120,122,124,126,127, 129,132,134,136,141,143,144,177-179, 181,182,190
疾病の伝染 26
シマウマ 36,178,179,193
シミュレーション 112,129,198
社会構造 22-24,26,28,39,43,44,49,51,68, 105,107,112,124,136,138,145,147,149, 161-163,176,177,179,181,186,187,191, 193,195-197
社会性 72,198
社会性昆虫 192,193
社会生物学 103,198
社会組織 29,58,144,145,164,190,191,195
社会的結合 1,7,43,49,76,84
社会的地位 8,110
社会的ニッチ 193
シャチ *Orcinus orca* 36
ジャックナイフ法 141
集合 2,6,22,26,40,42,58,62,86,99,104, 114,122,137,145,146,148-150,165,167, 182,184,185,187,191
主座標分析 162
集団切り出し法 25,26,30,66-68,109,111, 116,119,122,129,132,133,134,144,190, 196
集団構造 32,157
集中度・中心化傾向 120
順位 56,109,112,127,129,137,142,166, 168,171,172,174,175,179,186,196
浸透 89
推移性 183
スケールフリーネットワーク 92-94
スーパーハブ 93,94

スパンドレル 189
スピックススイツキコウモリ 29,162
スマートタグ 194
スモールワールドネットワーク 91
性 37,39,56-58,68,105,126,127,129,131, 132,136-138,141,157-160,162,179,185, 195,197
性選択（性淘汰） 179
生息地 34,124,136,195
切断点 61,62
線 36,37,45,49,51,54,104,112
選択行列 138,139,140
ゾウ 147,162,193
相関係数 138,142,143,169-171,175
相互毛づくろい 29
操作 30,31,46,49,50,53,58,103,104,158, 191,192,194,195
属性 10,12,18,22,24,34,37,48,50,56-60, 66,68,108,136,174,198
属性データ 22,24,34,48,50,57,58,68,174, 198
ソシオグラム 192
ソフトウェア 181

た

ダイアド・二者間 117,118,144,145,179, 184,185,188,189,194
対角 30,139,140
体サイズ 1,10,12,34,56,57,158,174
対称性 33
対捕食者行動 1
タグ付け 38,68
置換 113,114,168,169,174,179
紐帯 25,29,54,66,67,114,116,156,164, 188,196
仲介者 85,191
中心性 61,85,86,101,107,120,131,160
直径 179
チンパンジー *Pan troglodytes* 164,172-174, 193

索引

敵対的介入　172-174
データ収集　16, 22, 34, 35, 40, 51, 70, 83, 154, 158, 167
点強度　96
点サンプリング法　20, 22, 90, 197
点次数　84, 85, 94, 96, 181
点属性　57, 105, 174, 184, 185
デンドログラム　161, 162, 176
点のサイズ　58, 105
点媒介性　85, 94, 100, 105, 107, 109, 110, 129
点ラベル　51, 109, 110, 112, 127, 134, 135, 140
到達可能ペア　100, 124, 127
同類性　137, 139-143
トライアド　180-182, 184, 185, 187-189

な

二部グラフ　83
ニホンザル *Macaca fuscata*　84
ニューマン同類度係数　138-140, 148
人間（ヒト）　5, 6, 17, 39, 42, 49, 50, 61, 79, 85, 92, 98, 101, 136, 137, 141, 143, 148, 160, 182, 183, 186, 187, 188, 189, 191, 192
ネットワーク　1, 2, 5, 29, 31, 32, 45, 51, 58, 63, 87, 90-92, 94, 98, 119, 138, 144, 152, 161, 164, 167, 175, 184

は

媒介性　85, 86, 94, 97, 99, 100, 105, 107-110, 124, 129, 141, 147, 179, 190, 191
パス長　77-81, 88-91, 94, 97, 99, 100, 105, 120, 124, 127, 129, 166, 177-180
パーティション　145-151, 154, 155
ばね埋め込み法　11, 49, 53, 60, 63, 85, 173
半荷重指標　72, 117, 178
ハンドウイルカ *Tursiops truncates*　2, 86, 91, 94, 110, 191, 193
反復　103, 104, 109, 110, 122, 129, 166, 169-171, 178, 194, 195
比較法　164, 184, 189
ヒツジ　193-195

標識再捕獲　40
フィッシャーのオムニバス検定　170
フィルタリング　32, 43, 50, 51, 61, 63, 65-68, 70, 73, 83, 94, 96, 116, 118, 119, 122, 124, 126, 127, 129, 131-133, 135, 196
ブートストラップ法　109
フクロギツネ *Trichosurus vulpecula*　28, 193
ブタオザル *Macaca nemestrina*　13, 86, 193, 195
プロセス　1, 3, 14, 17, 18, 58, 94, 112, 117, 118, 119, 194, 197, 198
ブロック　23, 61-63, 137, 161
分割　33
分布　27, 74, 84, 92-94, 99, 104-106, 109, 111, 112, 115, 127, 132, 134, 167
分離（孤立）　43, 59, 90, 99, 114, 115, 122, 126, 127, 129, 131, 132, 181
べき乗則分布　92
辺　2, 3, 5, 7, 8, 9, 11, 22-25, 32, 43, 49-51, 53, 54, 61, 65-68, 70, 71, 73, 92, 94-99, 101, 102, 105, 107, 112, 113, 116-122, 124, 126, 129, 131-134, 166, 177, 178, 180-189, 196
偏行列相関　166
変数　22, 31, 34, 54, 57, 58, 94, 98, 105, 134, 166, 175, 184-186, 188, 190
変動係数　179
辺媒介性　85, 86
辺密度　88, 178
捕食　1, 169, 170
捕食者監視行動　169, 170
ホモフィリー　137, 141, 148

ま

マーキング　19, 36, 38, 39, 68, 194
マンテル検定　134, 168, 169, 171-173, 177
マントホエザル　193
密度　75, 76, 88, 179, 189
ミツバチ　9, 194
目的関数　188

モジュール性　193
モチーフ　82, 101, 180-182, 185, 189
モンテカルロ検定　109, 115, 119, 124

や

焼きなまし法　149-152, 154-156, 163
役割　13, 34, 56, 61, 63, 78, 86, 110, 175, 191, 192
友人ネットワーク　170, 171, 188
有蹄類　7, 16, 26, 27, 193
尤度比検定　185
雪だるま式標本法　43
弱い紐帯　67, 116

ら

ラベル　51, 57, 109, 110, 112, 114, 127, 134, 135, 196
ランダム化検定　5, 70, 84, 108, 134, 108, 109, 111, 115, 126, 182, 196
ランダム化手法　21, 108, 116, 168, 179
ランダムネットワーク　21, 87-92, 102, 105, 113, 124, 129, 139, 155, 160, 166, 178, 180
リーチ　86
離合集散システム　42, 197
流行　67, 111
隣接行列（アソシエーション行列）　6, 30, 32, 33, 45, 47, 54, 120, 133, 138, 145, 160, 167, 169, 174, 175, 185, 192
レイアウト　49, 53, 54, 56, 60, 63, 173
霊長類　6, 7, 13, 14, 16, 39, 43, 164, 171, 175, 186, 187, 189, 192, 193
レギュラーネットワーク　87, 90, 91, 102, 166
レシーバー　33, 172
連鎖法　26-28
六次の隔たり　79

わ

ワオキツネザル *Lemur catta*　15, 193

著者紹介

ダレン・P・クロフト（Darren P. Croft）：
ウェールズ大学バンガー校 動物行動学 講師（執筆当時）を経て、2018年現在、エクセター大学 動物行動学 教授

リチャード・ジェームス（Richard James）：
2018年現在、バース大学 物理学科 上級講師。

ジェンス・クラウス（Jens Krause）：
リーズ大学 行動生態学 教授（執筆当時）を経て、2018年現在、ベルリン・フンボルト大学 魚類生態学 教授

訳者紹介

島田将喜（しまだ まさき）

1973年 北海道札幌市生まれ。
京都大学大学院 理学研究科 博士課程修了。博士（理学）。日本学術振興会特別研究員（PD）を経て、現在、帝京科学大学 生命環境学部 アニマルサイエンス学科 准教授。
複数の野生霊長類に対する長期フィールドワークを通じて、人類の進化史を「遊びの社会ネットワーク」の観点から捉えなおす研究を継続している。また認知心理学、文化人類学、鳥類学など異分野の研究者との学際的コラボレーションを進めている。
著書：『遊びの人類学ことはじめ：フィールドで出会った〈子ども〉たち』（分担執筆、昭和堂）
　　　『新版 文化人類学のレッスン—フィールドからの出発』（分担執筆、学陽書房）
Shimada M, Sueur C 2004. The importance of social play networks for wild chimpanzees at Mahale Mountains National Park, Tanzania. *American Journal of Primatology* 76 (11): 1025-36.

装丁　中野達彦

動物の社会ネットワーク分析 入門

2019年3月20日　第1版第1刷発行

訳　者　島田将喜
発行者　浅野清彦
発行所　東海大学出版部
〒259-1292 神奈川県平塚市北金目 4-1-1
TEL 0463-58-7811　FAX 0463-58-7833
URL http://www.press.tokai.ac.jp/
印刷所　株式会社 真興社
製本所　誠製本株式会社

© Masaki SHIMADA, 2019　　　　ISBN978-4-486-02116-2

JCOPY <出版者著作権管理機構 委託出版物>
本書の無断複製は著作権法上での例外を除き禁じられています。複製される場合は，そのつど事前に，出版者著作権管理機構（電話 03-5244-5088，FAX 03-5244-5089，e-mail:info@jcopy.or.jp）の許諾を得てください。